Sabine Simon

Stereoselektive Synthese

Sabine Simon

Stereoselektive Synthese

von Aminderivaten und β-Hydroxy-α-aminosäuren
unter Einsatz von Biokatalysatoren

Südwestdeutscher Verlag für Hochschulschriften

Impressum/Imprint (nur für Deutschland/only for Germany)
Bibliografische Information der Deutschen Nationalbibliothek: Die Deutsche Nationalbibliothek verzeichnet diese Publikation in der Deutschen Nationalbibliografie; detaillierte bibliografische Daten sind im Internet über http://dnb.d-nb.de abrufbar.
Alle in diesem Buch genannten Marken und Produktnamen unterliegen warenzeichen-, marken- oder patentrechtlichem Schutz bzw. sind Warenzeichen oder eingetragene Warenzeichen der jeweiligen Inhaber. Die Wiedergabe von Marken, Produktnamen, Gebrauchsnamen, Handelsnamen, Warenbezeichnungen u.s.w. in diesem Werk berechtigt auch ohne besondere Kennzeichnung nicht zu der Annahme, dass solche Namen im Sinne der Warenzeichen- und Markenschutzgesetzgebung als frei zu betrachten wären und daher von jedermann benutzt werden dürften.

Coverbild: www.ingimage.com

Verlag: Südwestdeutscher Verlag für Hochschulschriften GmbH & Co. KG
Heinrich-Böcking-Str. 6-8, 66121 Saarbrücken, Deutschland
Telefon +49 681 37 20 271-1, Telefax +49 681 37 20 271-0
Email: info@svh-verlag.de

Zugl.: Erlangen, Friedrich-Alexander Universität Erlangen-Nürnberg, Dissertation, 2011

Herstellung in Deutschland:
Schaltungsdienst Lange o.H.G., Berlin
Books on Demand GmbH, Norderstedt
Reha GmbH, Saarbrücken
Amazon Distribution GmbH, Leipzig
ISBN: 978-3-8381-3074-3

Imprint (only for USA, GB)
Bibliographic information published by the Deutsche Nationalbibliothek: The Deutsche Nationalbibliothek lists this publication in the Deutsche Nationalbibliografie; detailed bibliographic data are available in the Internet at http://dnb.d-nb.de.
Any brand names and product names mentioned in this book are subject to trademark, brand or patent protection and are trademarks or registered trademarks of their respective holders. The use of brand names, product names, common names, trade names, product descriptions etc. even without a particular marking in this works is in no way to be construed to mean that such names may be regarded as unrestricted in respect of trademark and brand protection legislation and could thus be used by anyone.

Cover image: www.ingimage.com

Publisher: Südwestdeutscher Verlag für Hochschulschriften GmbH & Co. KG
Heinrich-Böcking-Str. 6-8, 66121 Saarbrücken, Germany
Phone +49 681 37 20 271-1, Fax +49 681 37 20 271-0
Email: info@svh-verlag.de

Printed in the U.S.A.
Printed in the U.K. by (see last page)
ISBN: 978-3-8381-3074-3

Copyright © 2012 by the author and Südwestdeutscher Verlag für Hochschulschriften GmbH & Co. KG and licensors
All rights reserved. Saarbrücken 2012

I. Inhaltsverzeichnis

I.	INHALTSVERZEICHNIS	I
II.	ABKÜRZUNGSVERZEICHNIS	XI
1	EINLEITUNG	1
2	MOTIVATION UND ZIELSETZUNG	4
2.1	Enantioselektive Racematspaltung von Aminen	5
2.2	Enzymatische Aldolreaktion	7
3	ENANTIOSELEKTIVE RACEMATSPALTUNG VON AMINEN UNTER EINSATZ VON LIPASEN	10
3.1	Einleitung	10
3.2	Stand der Wissenschaft: Aminsynthesen	12
3.2.1	Klassisch chemische Synthesen	12
3.2.2	Enzym-katalysierte Synthesen	17
3.3	Eigene Ergebnisse und Diskussion	24
3.3.1	Referenzen und Analytik	24
3.3.1.1	Synthese der Referenzverbindungen	24
3.3.1.2	^{1}H-NMR-Analytik	28
3.3.1.3	HPLC-Analytik	29
3.3.2	Standardreaktion: Einleitende Versuche	31
3.3.3	Prozessoptimierung	33
3.3.3.1	Temperatureffekt	33
3.3.3.2	Lösungsmitteleffekt	35

3.3.3.3	Kinetik	36
3.3.3.4	Enzymbeladung	38
3.3.3.5	Enzymrecycling	39
3.3.4	Variation der Acyldonoren	41
3.3.4.1	2-Methylsulfonylessigsäureethylester (**69**) als Acyldonor	42
3.3.4.2	Propionsäure (**80**) als Acyldonor	44
3.3.4.3	Propionsäureethylester (**79**) als Acyldonor	45
3.3.4.4	Malonsäure (**81**) als Acyldonor	47
3.3.4.5	Diethylmalonat (**72**) als Acyldonor	48
3.3.4.6	Vergleich der Acyldonoren	49
3.3.5	Racematspaltung mit Diethylmalonat (**72**) als Acyldonor	51
3.3.5.1	^{1}H-NMR-Analytik	51
3.3.5.2	Prozessoptimierung	52
3.3.5.2.1	Kinetik	52
3.3.5.2.2	Einfluss der Temperatur	53
3.3.5.2.3	Variation der Enzymbeladung	54
3.3.5.2.4	Erhöhung der Substratkonzentration	55
3.3.5.2.5	Vergleich mit Dimethylmalonat (**44**)	58
3.3.5.3	Substratbreite	60
3.3.5.3.1	Untersuchung der Reaktion	60
3.3.5.3.2	Enzymrecycling	62
3.3.5.3.3	Scale-Up des Enzymrecyclings	65
3.3.6	Anwendungsbreite	67
3.3.6.1	*p*-Bromphenylethylamin (*rac*-**63**) als Substrat	67

3.3.6.2	*p*-Methylphenylamin (*rac*-**85**) als Substrat	69
3.3.6.3	1-Phenylpropylamin (*rac*-**68**) als Substrat	70
3.3.6.4	3-Aminobutansäureethylester (*rac*-**75**) als Substrat	71
3.3.6.4.1	Optimierung der Reaktion	71
3.3.6.4.2	Variation der Acyldonoren	73
3.4	Zusammenfassung	75

4 ENZYMATISCHE ALDOLREAKTION UNTER EINSATZ VON ALDOLASEN 78

4.1	Einleitung	78
4.2	Stand der Wissenschaft: Synthesen von β-Hydroxy-α-aminosäuren	81
4.2.1	Klassisch chemische Synthesen	81
4.2.2	Enzym-katalysierte Synthesen	85
4.3	Eigene Ergebnisse und Diskussion	92
4.3.1	Referenzen und Analytik	92
4.3.1.1	Basenkatalysierte Aldolreaktion	92
4.3.1.2	Derivatisierung der β-Hydroxy-α-aminosäuren	94
4.3.1.3	Interpretation der ^{1}H-NMR-Spektren	95
4.3.1.4	Etablierung einer HPLC-Methode	96
4.3.2	Standardreaktion	97
4.3.2.1	Vergleich von L-TA aus *E. coli* und *S. cerevisiae*	97
4.3.2.2	Umsatzbestimmung mittels ^{1}H-NMR-Analytik	98
4.3.2.3	Einfluss des Cofaktors PLP	101
4.3.3	Substratbreite	102
4.3.3.1	Einfluss des Substitutionsmusters	102

4.3.3.2	Einsatz *ortho*-substituierter Benzaldehyde	104
4.3.3.3	Thiamphenicol-Substrate	105
4.3.4	Erhöhung der Substratkonzentration	106
4.3.5	Prozessentwicklung unter Berücksichtigung thermodynamischer und kinetischer Kontrolle	108
4.3.6	Scale-Up und Produktisolierung	109
4.4	Zusammenfassung	110

5 ZUSAMMENFASSUNG 114

5.1	Enzymatische Racematspaltung mittels Lipase CAL-B	114
5.2	Enzymatische Aldolreaktion mittels L-Threoninaldolase	117

6 SUMMARY 120

6.1	Enzymatic resolution with lipase CAL-B	120
6.2	Enzymatic aldol reaction with L-threonin aldolase	123

7 EXPERIMENTELLER TEIL 125

7.1	Verwendete Chemikalien und Geräte	125
7.2	Synthesen und spektroskopische Daten	127
7.2.1	Enantioselektive Racematspaltung von Aminen	127
7.2.1.1	Allgemeine Arbeitsvorschrift 1 (AAV 1): Racematsynthese acylierter Amine mit Säurechloriden	127
7.2.1.1.1	Synthese von *rac*-1-Phenylethylacetamid (*rac*-5)	127
7.2.1.1.2	Synthese von *rac*-N-(1-(4-Bromphenyl)ethyl)acetamid (*rac*-66)	128

7.2.1.1.3	Synthese von *rac*-*N*-(1-Phenylethyl)propionsäureamid (*rac*-**67**) 129
7.2.1.2	Allgemeine Arbeitsvorschrift 2 (AAV 2): Racematsynthese acylierter Amine mit Sulfonylester **69** 130
7.2.1.2.1	Synthese von *rac*-2-(Methylsulfonyl)-*N*-(1-phenylethyl)-acetamid (*rac*-**70**) 131
7.2.1.2.2	Synthese von *rac*-2-(Methylsulfonyl)-*N*-(1-phenylpropyl)-acetamid (*rac*-**71**) 131
7.2.1.3	Allgemeine Arbeitsvorschrift 3 (AAV 3): Racematsynthese acylierter Amine mit Malonester **72** 132
7.2.1.3.1	Synthese von *rac*- *N*-(1-Phenylethyl)-(3-ethoxy-3-oxopropan-amid) (*rac*-**73**) 133
7.2.1.3.2	Synthese von *rac*- *N*-(1-(4-Bromphenyl)ethyl)-(3-ethoxy-3-oxopropanamid) (*rac*-**74**) 134
7.2.1.4	Allgemeine Arbeitsvorschrift 4 (AAV 4): Racematsynthese von β-Amidoestern 135
7.2.1.4.1	Synthese von *rac*-3-Acetamidbutansäureethylester (*rac*-**76**) .. 135
7.2.1.4.2	Synthese von *rac*-3-Propionamidbuttersäureethylester (*rac*-**77**) 136
7.2.1.5	Allgemeine Arbeitsvorschrift 5 (AAV 5): Chemische Acylierung von (*S*)-**2** zur HPLC-Analyse 137
7.2.1.6	Allgemeine Arbeitsvorschrift 6 (AAV 6): Enzymatische Acylierung von Aminen 138
7.2.1.6.1	Synthese von (*R*)-*N*-(1-Phenylethyl)acetamid ((*R*)-**5**) 139
7.2.1.6.2	Synthese von (*R*)-*N*-(1-(4-Bromphenyl)ethyl)acetamid ((*R*)-**66**) 140
7.2.1.6.3	Synthese von (*R*)-*N*-(1-(4-Methyl)ethyl)acetamid ((*R*)-**86**) 140

7.2.1.6.4	Synthese von (*R*)-*N*-(1-Phenylpropyl)acetamid ((*R*)-**87**)	141
7.2.1.6.5	Synthese von (*R*)-*N*-(1-Phenylethyl)propionsäureamid ((*R*)-**67**)	142
7.2.1.6.6	Synthese von (*R*)-2-(Methylsulfonyl)-*N*-(1-phenylethyl)-acetamid ((*R*)-**70**)	143
7.2.1.6.7	Synthese von (*R*)-2-(Methylsulfonyl)-*N*-(1-phenylpropyl)-acetamid ((*R*)-**71**)	144
7.2.1.6.8	Synthese von (*R*)-*N*-(1-Phenylethyl)-(3-ethoxy-3-oxopropan-amid) ((*R*)-**73**)	144
7.2.1.6.9	Synthese von Synthese von (*R*)-*N*-(1-Phenyethyl)-(3-methoxy-3-oxopropanamid) ((*R*)-**83**)	145
7.2.1.6.10	Synthese von (*R*)-*N*-(1-(4-Bromphenyl)ethyl)-(3-ethoxy-3-oxopropanamid) ((*R*)-**74**)	146
7.2.1.6.11	Analyse des Dimers **84**	147
7.2.1.7	Allgemeine Arbeitsvorschrift 7 (AAV 7): Enzymatische Racematspaltung des β-Aminosäureesters *rac*-**75**	148
7.2.1.7.1	Synthese von (*R*)-3-Acetamidbutansäureethylester ((*R*)-**76**)	148
7.2.1.7.2	Synthese von (*R*)-3-(3-Ethoxy-3-oxopropanamid)-butansäureethylester ((*R*)-**88**)	149
7.2.1.7.3	Synthese von (*R*)-3-Propionamidbuttersäureethylester ((*R*)-**77**)	150
7.2.1.8	Untersuchung der Standardreaktion	151
7.2.1.9	Prozessoptimierung	152
7.2.1.9.1	Temperatureffekt	152
7.2.1.9.2	Lösungsmitteleffekt	153
7.2.1.9.3	Kinetik	154

7.2.1.9.4	Enzymbeladung	155
7.2.1.9.5	Enzymrecycling	155
7.2.1.10	Variation der Acyldonoren	156
7.2.1.10.1	2-Methylsulfonylessigsäureethylester (**69**) als Acyldonor	157
7.2.1.10.2	Propionsäure (**80**) als Acyldonor	158
7.2.1.10.3	Propionsäureethylester (**79**) als Acyldonor	159
7.2.1.10.4	Malonsäure (**81**) als Acyldonor	159
7.2.1.11	Racematspaltung mit Diethylmalonat (**72**)	160
7.2.1.11.1	Untersuchung des Reaktionsverlaufs	161
7.2.1.11.2	Einfluss der Temperatur	163
7.2.1.11.3	Variation der Enzymbeladung	164
7.2.1.11.4	Erhöhung der Substratkonzentration	165
7.2.1.11.5	Vergleich von Dimethylmalonat (**44**) und Diethylmalonat (**72**) als Acyldonoren	166
7.2.1.11.6	Substratbreite	167
7.2.1.11.6.1	Prozessoptimierung	168
7.2.1.11.6.2	Enzymrecycling	169
7.2.1.11.6.3	Scale-Up des Enzymrecyclings	170
7.2.1.12	Anwendungsbreite	171
7.2.1.12.1	*p*-Bromphenylethylamin (*rac*-**63**) als Substrat	171
7.2.1.12.2	*p*-Methylphenylamin (*rac*-**85**) als Substrat	172
7.2.1.12.3	1-Phenylpropylamin (*rac*-**68**) als Substrat	172
7.2.1.12.4	3-Aminobutansäureethylester (*rac*-**75**) als Substrat	174
7.2.1.12.4.1	Untersuchung der Standardreaktion	174

7.2.1.12.4.2	Variation der Acyldonoren	176
7.2.2	Enzymatische Aldolreaktion	177
7.2.2.1	Allgemeine Arbeitsvorschrift 8 (AAV 8): Racematsynthese von β-Hydroxy-α-aminosäuren	177
7.2.2.1.1	Synthese von *rac-o*-Bromphenylserin (*rac*-**117a**)	178
7.2.2.1.2	Synthese von *rac-o*-Fluorphenylserin (*rac*-**135a**)	179
7.2.2.1.3	Synthese von *rac-o*-Methylphenylserin (*rac*-**136a**)	179
7.2.2.1.4	Synthese von *rac-o*-Nitrophenylserin (*rac*-**137a**)	180
7.2.2.2	Allgemeine Arbeitsvorschrift 9 (AAV 9): Derivatisierung der β-Hydroxy-α-aminosäuren mit Benzoylchlorid (**138**)	181
7.2.2.2.1	Synthese von *rac*-2-Benzamid-3-(2-bromphenyl)-3-hydroxypropansäure (*rac*-**117b**)	182
7.2.2.2.2	Synthese von *rac*-2-Benzamid-3-(2-fluorphenyl)-3-hydroxypropansäure (*rac*-**135b**)	183
7.2.2.2.3	Synthese von *rac*- 2-Benzamid-3-hydroxy-3-(*o*-tolyl)propansäure (*rac*-**136b**)	183
7.2.2.3	Allgemeine Arbeitsvorschrift 10 (AAV 10): Enzymatische Aldolreaktion mit L-Threoninaldolasen	184
7.2.2.3.1	Synthese von L-Phenylserin (L-**14**)	185
7.2.2.3.2	Synthese von L-*ortho*-Chlorphenylserin (L-**139**)	186
7.2.2.3.3	Synthese von L-*meta*-Chlorphenylserin (L-**144**)	187
7.2.2.3.4	Synthese von L-*para*-Chlorphenylserin (L-**145**)	188
7.2.2.3.5	Synthese von L-*ortho*-Bromphenylserin (L-**117**)	189
7.2.2.3.6	Synthese von L-*ortho*-Fluorphenylserin (L-**135**)	190
7.2.2.3.7	Synthese von L-*ortho*-Methylphenylserin (L-**136**)	190

7.2.2.3.8	Synthese von L-*ortho*-Nitrophenylserin (L-**137**)	191
7.2.2.3.9	Synthese von L-*ortho*-Methoxyphenylserin (L-**147**)	192
7.2.2.3.10	Synthese von L-*para*-Methylsulfonylphenylserin (L-**149**)	193
7.2.2.4	Standardreaktion	194
7.2.2.4.1	Vergleich von L-TA aus *E. coli* und *S. cerevisiae*	194
7.2.2.4.2	Umsatzbestimmung mittels ^{1}H-NMR-Spektroskopie	195
7.2.2.4.3	Einfluss des Cofaktors PLP	196
7.2.2.5	Substratbreite	196
7.2.2.5.1	Einfluss des Substitutionsmusters	196
7.2.2.5.2	Einsatz *ortho*-substituierter Benzaldehyde	197
7.2.2.5.3	Thiamphenicol-Substrate	198
7.2.2.6	Erhöhung der Substratkonzentration	199
7.2.2.7	Prozessentwicklung unter Berücksichtigung der thermodynamischen und kinetischen Kontrolle	201
7.2.2.8	Scale-Up und Produktisolierung	202
8	LITERATURVERZEICHNIS	205

II. Abkürzungsverzeichnis

A. xylosoxidans	*Alcaligenes xylosoxidans*
A. jandaei	*Aeromonas jandaei*
AAV	allgemeine Arbeitsvorschrift
AD-H	HPLC-Säule, CHIRALPAK® Amolyse tris-(3,5-dimethylphenylcarbamat)
Äq.	Äquivalent(e)
Asp	Aspartat
At-d_6	Aceton, deuteriert
atm	Atmosphäre, Druckeinheit
BTTB	*tert*-Butyliminotri(pyrrolidin)phosphoran
BzCl	Benzoylchlorid
C	Umsatz (conversion)
C. humicola	*Candida humicola*
CAL-B	Lipase B aus *Candida antarctica*, Novozym 435
Cbz	Carboxybenzyl
CH	Cyclohexan
cod	Cyclooctadien
δ	chemische Verschiebung in [ppm]
d	Dublett
DCM	Dichlormethan
dd	dupliziertes Dublett
de	Diastereomerenüberschuss (diastereomeric excess)
DERA	2-Desoxyribose-5-phosphat-Aldolase
DHAP	Dihydroxyacetonphosphat
dhb	2,5-Dihydroxybenzoesäure
DKR	dynamisch-kinetische Racematspaltung
DOPA	3,4-Dihydroxyphenylalanin
d.r.	Diastereomerenverhältnis (diastereomeric ratio)

DYKAT	dynamic kinetic asymmetric transformation
E. coli	*Escherichia coli*
E. faecalis	*Enterococcus faecalis*
EA	Elementaranalyse
EC	enzyme commision; Einteilung der Enzyme in Klassen
ee	Enantiomerenüberschuss (enantiomeric excess)
EI	Elektronenstoß-Ionisation
eq	equivalent
e.r.	Enantiomerenverhältnis (enantiomeric ratio)
ETBE	Ethyl-*tert*-butylether
EtOAc	Ethylacetat
FA	Ameisensäure (formic acid)
FAB	fast atom bombardement
FBP	Fructose-1,6-bisphosphat
GAP	Glycerinaldehyd-3-phosphat
Glu	Glutamat
h	Stunde
His	Histidin
HPLC	High Performance Liquid Chromatography
Hz	Hertz
i-PrOH	*iso*-Propanol
IR	Infrarot
J	skalare Kopplungskonstante in [Hz]
Kat.	Katalysator
kDa	Kilodalton
l	Liter
Lys	Lysin
M	molar, Stoffmengenkonzentration in [mol/l]
m	Multiplett
MeCH	Methylcyclohexan

mg	Milligramm
MHz	Megahertz
min	Minute(n)
ml	Milliliter
mM	milimolar
mmol	Millimol
MS	Massenspektrometrie
MTBE	Methyl-*tert*-butylether
MTPS	3-[4-(Methylthio)phenylserin]
m/z	Verhältnis Masse zu Ladung
µl	Mikroliter
µM	mikromolar
NBA	*m*-Nitrobenzylalkohol
n.b.	nicht bestimmt
NEt$_3$	Triethylamin
NeuAc	Neuraminsäure
nm	Nanometer
NMR	Kernmagnetische Resonanz
Nu	Nucleophil
OD	HPLC-Säule, CHIRALCEL®, Cellulose tris-(3,5-dimethylphenyl-carbamat)
OJ-H	HPLC-Säule, CHIRALCEL®, Cellulose tris-(4-methylbenzoat)
P. putida	*Pseudomonas putida*
PEP	Phosphoenolpyruvat
PLP	Pyridoxal-5'-phosphat
PMP	*para*-Methoxyphenyl
ppm	parts per million
q	Quartett
qui	Quintett
R	Substituent

rac	Racemat
rpm	Umdrehung pro Minute (rounds per minute)
RT	Raumtemperatur
rt	room temperature
s	Singulett
S. cerevisiae	*Saccharomyces cerevisiae*
Sdp.	Siedepunkt
Ser	Serin
sin	Sinapinsäure
Smp.	Schmelzpunkt
sp.	species
T	Temperatur in [°C]
t	Triplett
t	Zeit
t_r	Retentionszeit
TA	Threoninaldolase
THF	Tetrahydrofuran
TMS	Tetramethylsilan
TOF	time of flight (Flugzeitanalyse)
TyrDC	Tyrosin-Decarboxylase
U	Units
U/ml	volumetrische Enzymaktivitat
UV/Vis	Ultraviolett/Visible
v	Volumen
$\tilde{v}$	Wellenzahl in [cm^{-1}]
w	Gewicht
xyl	Xylol

1 Einleitung

Die weiße oder industrielle Biotechnologie stellt eine interdisziplinäre Schlüsseltechnologie des 21. Jahrhunderts dar. Diese integriert die Kenntnisse der Bereiche Biologie, Biochemie und Chemie (Abbildung 1) und beschreibt die Anwendung von Enzymen beziehungsweise Mikroorganismen wie Bakterien und Pilzen zur nachhaltigen Herstellung von Chemikalien, Wirkstoffen und neuen Materialien. Innerhalb dieser Querschnittstechnologie werden die biologischen Methoden Fermentation und Biokatalyse differenziert.[1,2] Die Fermentation macht sich lebende Mikroorganismen zunutze (Ganzzellbiokatalyse), um aus nachwachsenden Rohstoffen Chemikalien oder Enzyme herzustellen während die Biokatalyse den Einsatz von Enzymen in chemischen Prozessen darstellt.[2]

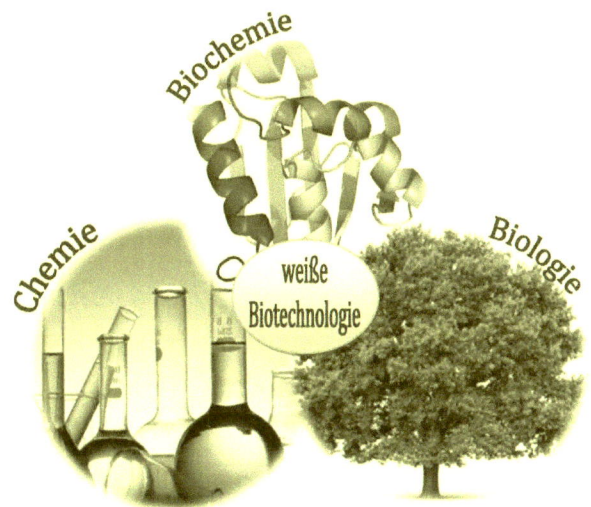

Abbildung 1. Weiße Biotechnologie[3]

Diese biotechnologischen Verfahren finden Anwendung in der Agro- und Lebensmittelchemie, der chemischen Industrie im Allgemeinen sowie bei der Entwicklung pharmazeutisch relevanter Wirkstoffe.[1] Biokatalysatoren arbeiten präzise bei der Stoffumwandlung, liefern definierte Produkte und zeichnen sich durch ihre hohe Selektivität aus. Unter anderem im Bereich der organischen Synthese steigt deren Verwendung für die Herstellung optisch aktiver Komponenten.[1,4]

Die hervorragenden katalytischen Eigenschaften von Enzymen zeigen sich im Hinblick auf die Vielfalt und Komplexität natürlich vorkommender Moleküle. Aus organischer Sicht bietet sich dadurch ein enormes Potential für die *in vitro* Synthese unterschiedlichster Produktklassen.

Die Unterteilung der Enzyme erfolgt in sechs Klassen (EC, enzyme commision) in Abhängigkeit ihrer natürlichen Katalyse-Eigenschaften: Oxidoreduktasen (Oxidationen und Reduktionen, EC 1), Transferasen (Transfer spezifischer Gruppen, EC 2), Hydrolasen (Spaltung oder Bildung von z. B. Estern, Amiden, EC 3), Lyasen (Addition und Eliminierung, EC 4), Isomerasen (Isomerisierung, EC 5) und Ligasen (Bindungsknüpfung, EC 6).[5] Dem heutigen Stand der Wissenschaft zufolge lassen sich Enzyme allerdings für weit mehr Anwendungen einsetzen als ursprünglich vermutet. Hierdurch wird die Katalyse komplexer biochemischer Reaktionen möglich, welche sich wesentlich von den Natürlichen unterscheiden.[6]

Im Laufe der Forschung konnten die enzymatischen Reaktionen optimiert werden.[4] Dazu zählt einerseits die Immobilisierung der Biokatalysatoren, welche auf einem Trägermaterial fixiert werden, um eine hohe Stabilität und einfachere Abtrennung sowie deren Wiederverwendbarkeit zu gewährleisten.[4,7] Andererseits wurden *in situ*-Regenerierungssysteme für die mehrmalige Verwendung von Cofaktoren etabliert, welche für einige Enzyme essentiell sind. Die Zusammenführung wasserlöslicher Biokatalysatoren und hydrophober Substrate wird durch Zweiphasensysteme bewerkstelligt. Durch die Fortschritte der Gentechnologie können außerdem zahlreiche Enzymklassen ökonomisch hergestellt und neue Enzyme entwickelt werden.[4]

Die Darstellung chiraler Synthesebausteine kann durch die biotechnologische Forschung oftmals kostengünstig, effektiv und umweltfreundlich gestaltet werden, wobei die eingesetzten Enzyme durch Rekombinationstechniken leicht zugänglich sind. Das Potential der Anwendung enzymatischer Synthesen anstelle der herkömmlichen chemischen Varianten zur Produktherstellung liegt in der vergleichsweise geringeren Anzahl der erforderlichen Syntheseschritte, wodurch der Rohstoffverbrauch sowie die Neben- und Abfallprodukte reduziert werden. Industrielle Verfahren können zudem meist energieärmer gestaltet werden, wobei fossile durch nachwachsende Rohstoffe ersetzt werden.[2] Des Weiteren können die Reaktionsraten der enzymkatalysierten Syntheseverfahren im Vergleich zu den entsprechenden nicht-katalysierten Synthesen um einen Faktor von 10^{12} gesteigert werden.[8] Die Anwendungsbreite zeigt sich beim Einsatz von Substraten, die sowohl chemo-, regio- als auch enantioselektiv umgesetzt werden können, womit der Zugang zu einer vielfältigen Produktpalette ermöglicht wird.[8,9]

Zwar sind biotechnologische Verfahren den klassisch chemischen Varianten nicht *per se* überlegen, sie stellen jedoch eine wettbewerbsfähige Alternative beziehungsweise Ergänzung dar und werden zunehmend für industrielle Anwendungen herangezogen.[2]

2 Motivation und Zielsetzung

Die Synthese enantiomerenreiner Verbindungen ist ein wichtiger Bestandteil bei der Entwicklung und Herstellung pharmazeutisch relevanter Wirkstoffe und soll im Rahmen dieser Arbeit mittels geeigneter biokatalytischer Methoden näher untersucht werden. Für die Darstellung enantiomerenreiner Produkte werden abhängig von den eingesetzten Substraten zwei mögliche Ansätze herangezogen. Anhand der enzymatischen Racematspaltung wird die Umsetzung racemischer Amine und β-Aminosäureester mit Hilfe von Lipasen als Biokatalysatoren untersucht. Die Herstellung von chiralen β-Hydroxy-α-aminosäuren mittels L-Threoninaldolasen (L-TA) erfolgt durch eine enzymatische Aldolreaktion aus Aldehyden mit Glycin (**1**). In Abbildung 2 sind die untersuchten Enzymreaktionen aufgezeigt.

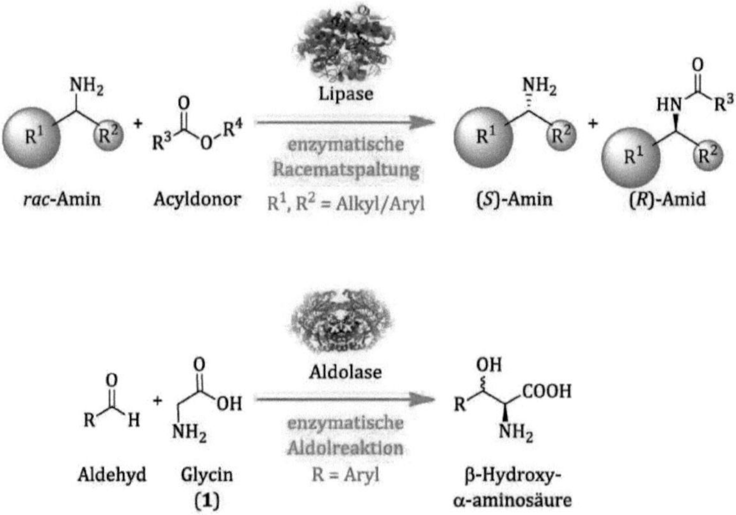

Abbildung 2. Biokatalytische Reaktionen: Racematspaltung und Aldolreaktion[10]

2.1 Enantioselektive Racematspaltung von Aminen

Enantiomerenreine Amine und β-Aminosäuren kommen als Bausteine in zahlreichen Pharmawirkstoffen vor. Ziel der Arbeit ist die Etablierung eines effektiven Biotransformationsverfahrens, welches die Umsetzung aromatischer Amine und β-Aminoester zu enantiomerenreinen Produkten beinhaltet und zu hohen Reaktivitäten sowie Enantioselektivitäten führt. Die Grundlagen für die enzymatische Racematspaltung aromatischer und aliphatischer Amine unter Einsatz von Lipasen sind in der Literatur in vielfältigen Ausführungen bekannt.[11,12,13] Die Lipase B aus *Candida antarctica* (CAL-B) wurde als effektivster Biokatalysator beschrieben[6,14] und dementsprechend in den Versuchen dieser Arbeiten eingesetzt.

Ein leicht zugängliches und häufig für die Racematspaltung verwendetes Substrat ist 1-Phenylethylamin (*rac*-**2**), welches bisher mit verschiedenen Acyldonoren wie beispielsweise Ethylacetat (**3**) oder Methoxyisopropylacetat (**4**) umgesetzt wurde (Abbildung 3).[11,13] Die Reaktionszeiten zur Synthese der entsprechenden Amide (*R*)-**5** bzw. (*R*)-**6** liegen allerdings in einem Bereich zwischen 15 und 60 Stunden.[11,13]

Acyldonoren wie **4**, welche ein Heteroatom in β-Position beinhalten, wirken sich positiv auf die Reaktionsgeschwindigkeit der enzymatischen Acylierung aus, wobei im Vergleich zu unsubstituierten Carbonsäureestern *O*-Substituenten die besten Ergebnisse im Hinblick auf die Reaktionsrate und Enantioselektivität aufweisen.[15,16,17]

Die enantioselektive Racematspaltung mittels Lipasen findet bereits industriell Anwendung. Ein Verfahren zur Acylierung von Aminen wurde bereits von BASF technisch etabliert.[18] Seit 2002 wird jährlich ein Produktionsmaßstab von >1000 t erzielt. Mit Methoxyacetaten (wie **4**) als Acyldonoren werden entsprechende enantiomerenreine Aminderivate anhand dieses Verfahrens sogar mit >2500 t/a hergestellt.[18b,19]

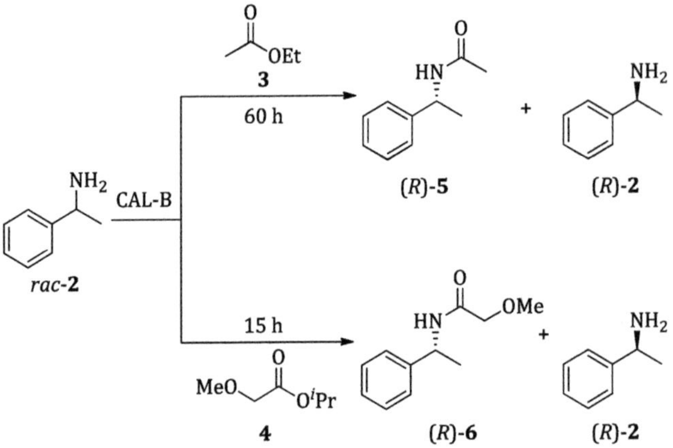

Abbildung 3. Enzymatische Racematspaltung unter Einsatz von CAL-B[11,13]

Die enzymatische Racematspaltung von 1-Phenylethylamin (*rac-*2) mit Ethylacetat (3) soll im Folgenden unter Einsatz der immobilisierten Lipase CAL-B anhand neuer Reaktionsbedingungen optimiert werden. Ziel ist die Entwicklung eines effizienten Verfahrens durch Variation von Reaktionszeit, Temperatur, Lösungsmittel, Enzymbeladung sowie Substratkonzentration. Der verwendete Biokatalysator zeichnet sich unter anderem durch die Akzeptanz eines breiten Substratspektrums aus,[6] weshalb weiterführend unterschiedliche Aminderivate eingesetzt werden. Zudem wird die enzymatische Racematspaltung durch Variation des Acyldonors untersucht, welcher im Hinblick auf einen umweltfreundlichen Prozess möglichst leicht zugänglich, sicher und ungiftig sein sollte. Angestrebt wird der Einsatz eines attraktiven Acyldonors, der sich durch hohe Selektivitäten bei quantitativen Umsätzen ebenso wie durch hohe Reaktionsraten und Substratkonzentrationen auszeichnet. Die Ansätze zur Optimierung am Beispiel der Standardreaktion des Amins *rac-*2 mit 3 als Acyldonor zum Amid (*R*)-5 sind in Abbildung 4 dargestellt.

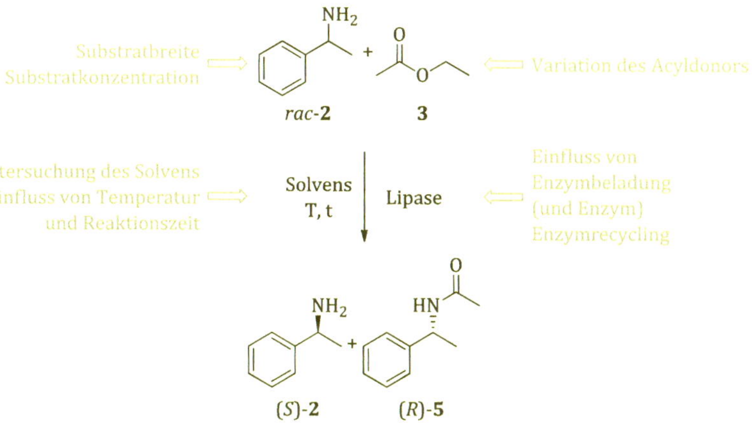

Abbildung 4. Untersuchung der enzymatischen Racematspaltung

2.2 Enzymatische Aldolreaktion

Eines der bekanntesten β-Hydroxy-α-aminosäurederivate ist das Antibiotikum Thiamphenicol (**7**), dessen industrielle Synthese sowohl ökologische als auch ökonomische Nachteile aufweist. Durch die Vielzahl der benötigten Syntheseschritte des Zambon-Prozesses (Abbildung 5),[20] ist die Abfallproduktion entsprechend hoch. Zudem kann das unerwünschte Enantiomer nur durch ein aufwändiges Verfahren in das zu Beginn eingesetzte Benzaldehydderivat (**8**) umgewandelt werden oder muss durch eine diastereoselektive Synthese in Thiamphenicol (**7**) überführt werden.

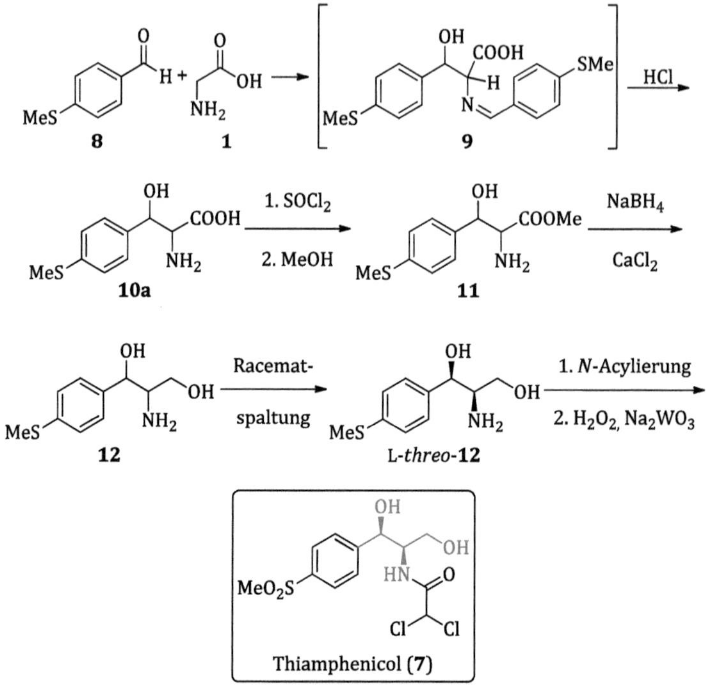

Abbildung 5. Zambon-Prozess zur Thiamphenicol-Synthese (**7**)[20]

Durch eine enzymatische Aldolreaktion unter Einsatz von L-Threoninaldolasen (L-TA), kann das Schlüsselintermediat der β-Hydroxy-α-aminosäure in nur einem Schritt enantiomerenrein synthetisiert werden (Abbildung 6), was einen nachhaltigeren Prozess im Vergleich zur herkömmlichen Methode darstellt.

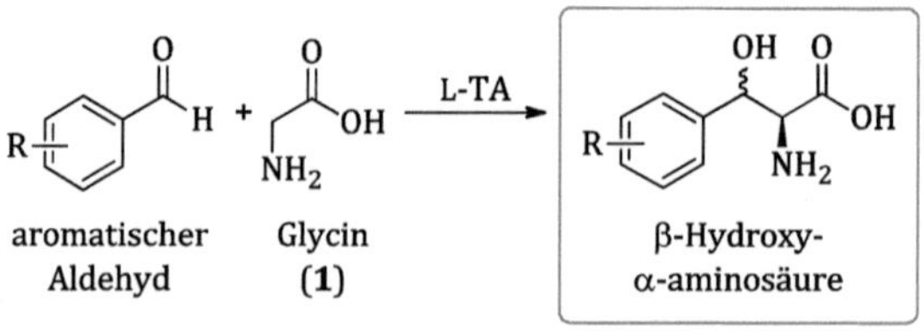

Abbildung 6. Enzymatische Aldolreaktion: Synthese von β-Hydroxy-α-aminosäuren

Für die biokatalytische Aldolreaktion wird eine L-TA aus *S. cerevisiae* herangezogen, welche bis *dato* bis auf wenige Ausnahmen lediglich mit aliphatischen Substraten getestet wurde.[21,22,23] Zunächst wird die Standardreaktion von Benzaldehyd (**13**) und Glycin (**1**) zu L-Phenylserin (L-**14**) durchgeführt und mit den Ergebnissen der Reaktion mit einer L-TA aus *E. coli* verglichen. Dabei sollen ebenfalls mit dem Einsatz weiterer aromatischer Aldehyde möglichst hohe Umsätze und Diastereomerenverhältnisse erzielt werden. Da L-Threoninaldolasen zwar die Bildung des Stereozentrums an α-Position hochselektiv katalysieren, für die β-Position jedoch eine geringere Selektivität aufweisen, wären hohe Diastereomerenüberschüsse ein wesentlicher Fortschritt bei der Entwicklung dieser Synthesestrategie. Die Möglichkeiten zur Optimierung der enzymatischen Aldolreaktion sind in Abbildung 7 dargestellt.

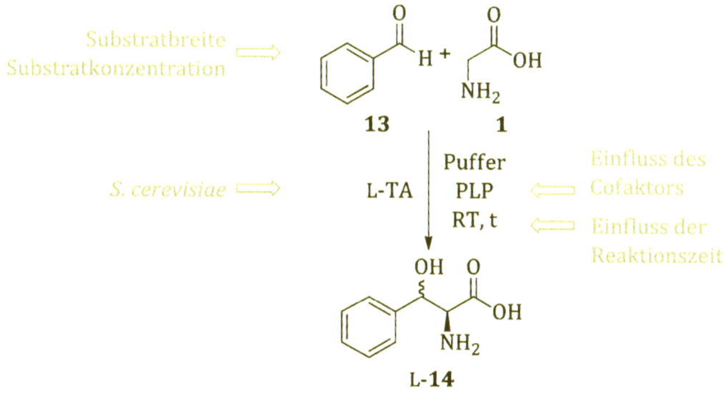

Abbildung 7. Untersuchung der enzymatischen Aldolreaktion

3 Enantioselektive Racematspaltung von Aminen unter Einsatz von Lipasen

3.1 Einleitung

Lipasen (Triacylglycerolhydrolasen, EC 3.1.1.3) stellen durch ihr breites Anwendungsspektrum in der Biotechnologie ein interessantes Forschungsgebiet dar und zählen somit zu den bestuntersuchten Enzymen.[24,25,26] Sie gehören zur Enzymklasse der so genannten α/β-Hydrolasen und sind herkömmlicherweise im Körper für die Energiegewinnung durch Fettverwertung, der Hydrolyse der Triacylglycerine, verantwortlich (Abbildung 8).[24,27] Die Bedeutung der Lipasen wurde schon früh erkannt, da diese nicht nur *in vivo* Reaktionen katalysieren, sondern auch *in vitro* als Biokatalysatoren herangezogen werden können. Bis heute finden sie Verwendung bei der Käseherstellung oder als Zusatz in Waschmitteln für eine bessere Energieeffizienz.[1]

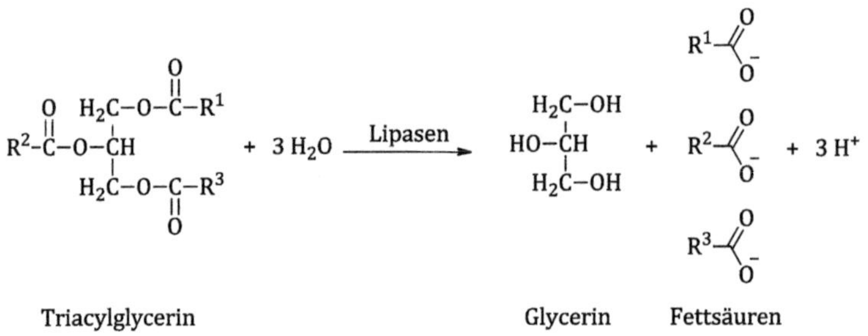

$$R^2-\overset{O}{\underset{\|}{C}}-O-\overset{H_2C-O-\overset{O}{\underset{\|}{C}}-R^1}{\underset{H_2C-O-\overset{\|}{\underset{O}{C}}-R^3}{CH}} + 3\,H_2O \xrightarrow{\text{Lipasen}} \overset{H_2C-OH}{\underset{H_2C-OH}{HO-CH}} + R^2\overset{O}{\underset{O^-}{\diagup}} + R^1\overset{O}{\underset{O^-}{\diagup}} + R^3\overset{O}{\underset{O^-}{\diagup}} + 3\,H^+$$

Triacylglycerin   Glycerin   Fettsäuren

Abbildung 8. Einsatz der Lipasen im Körper[27]

Da innerhalb der organischen Synthese viele Substrate nicht oder nur geringfügig in Wasser löslich sind, eignen sich für deren Umsetzungen vor allem Lipasen, da diese in vielen organischen Lösungsmitteln stabil sind und unter milden Reaktionsbedingungen arbeiten. Zudem benötigen sie keinen Cofaktor, womit ein aufwändiges Recycling der meist teuren Substanzen entfällt. Die hohe

Spezifität gegenüber einem breiten Substratspektrum stellt einen weiteren Vorteil dar.[28] Allerdings findet eine Limitierung statt, wenn die Reaktionsgeschwindigkeiten zur Bildung der Enantiomere nicht unterschiedlich genug sind, um hohe Selektivitäten zu gewährleisten.[26]

Ein häufig in der chemischen Synthese eingesetzter Vertreter ist die hochspezifische *Candida antarctica* Lipase B (CAL-B). Die aus einer Hefe stammende CAL-B wurde ursprünglich in der Antarktis isoliert, mit dem Hintergrund Enzyme mit extremen Eigenschaften zu finden.[6] CAL-B besteht aus 317 Aminosäuren und bildet ein 33 kDa großes Protein. Die Aminosäuren Serin 105, Histidin 224 und Aspartat 187 bilden die katalytische Triade des Enzyms, dessen Mechanismus analog zu dem der Serinhydrolasen verläuft (Abbildung 9).[6] Dabei stabilisiert das Aspartat die positiv geladene Form des Histidins während des nucleophilen Angriffs des Serins auf das Substrat. Zur Bildung des Produkts greift das Nucleophil (Nu) den Carbonyl-Sauerstoff des Acyl-Enzym-Komplexes an, wobei das Enzym regeneriert wird.[6,27,29]

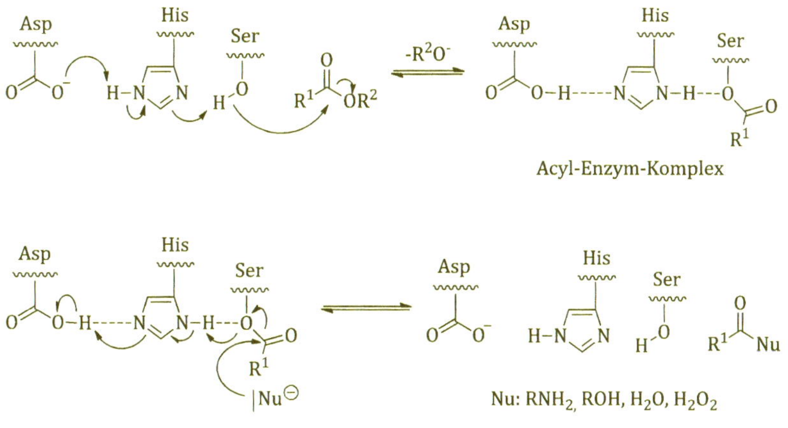

Abbildung 9. Mechanismus der Serinhydrolasen (katalytische Triade)[6]

Ein enormer Vorteil der CAL-B ist die Thermostabilität. Zusammen mit der hohen Aktivität und Enantioselektivität in wässrigem und organischem Medium ist diese Lipase ein idealer Katalysator für die chemische Synthese. Durch Immobilisierung auf makroporösem Acrylharz wird CAL-B (Novozym 435) zum einen stabiler und kann zum anderen durch die einfache Rückgewinnung für weitere Anwendungen eingesetzt werden.[6]

In der organischen Chemie finden Lipasen bei der Herstellung enantiomerenreiner Verbindungen aus racemischen Substraten Anwendung. Für die Racematspaltung gibt es zwei mögliche Ansätze, die enzymatische Hydrolyse beispielsweise eines Esters oder Amids und die Rückreaktion, die enzymatische Acylierung des entsprechenden Alkohols bzw. Amins. Die ökonomische Synthese enantiomerenreiner Intermediate mittels rekombinant verfügbarer Enzyme bietet ein enormes Potenzial, vor allem für die pharmazeutische Industrie. Ein wichtiger Faktor für die Atomökonomie dieser Reaktionen ist die einfache Rückgewinnung des Substrats durch chemische Racemisierung des ungewünschten Enantiomers.

3.2　Stand der Wissenschaft: Aminsynthesen

Die Synthese enantiomerenreiner Amine ist aufgrund deren Anwendung als chirale Intermediate für die pharmazeutische, agrochemische und feinchemische Industrie ein wichtiger Bereich der organischen Chemie. Neben Aminohydroxylierung,[30] asymmetrischer Aminierung[31] oder Hydrierung[32] und Alkylierung von Iminen[33] sowie der Hydrierung von Enamiden[34] ist die biokatalytische Spaltung racemischer Ausgangsverbindungen eine interessante Alternative, die zunehmend Anwendung findet.[4] Nachfolgend sollen einige Beispiele näher beschrieben werden.

3.2.1　Klassisch chemische Synthesen

Bei der asymmetrischen Alkylierung von Iminen mit Organometallen kommen chirale Aminoether-Liganden (wie **15**) zum Einsatz. Das geschützte Imin **16** wird dementsprechend mit Methyllithium umgesetzt. Das resultierende Amin (*R*)-**17** kann mit hohen Ausbeuten von 98% und guten Enantiomerenüberschüssen von 75% *ee* isoliert werden (Abbildung 10).[35] Unter Verwendung von Bisoxazolin-Liganden kann das Amin (*R*)-**17** mit bis zu 94% *ee* erhalten werden.[33,36]

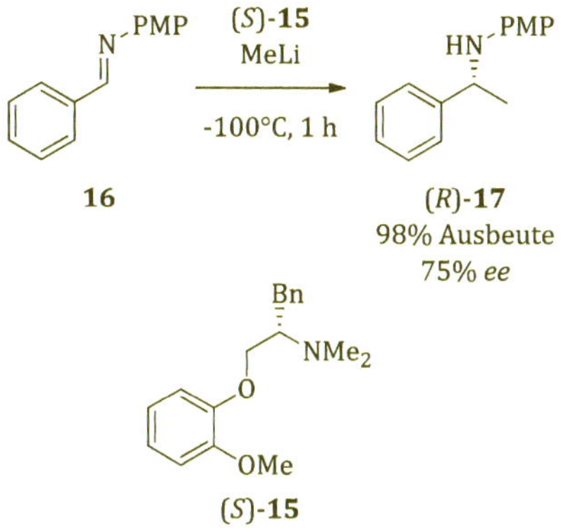

Abbildung 10. Asymmetrische Alkylierung des Imins **16**[35]

Neben der asymmetrischen Alkylierung stellt die asymmetrische Hydrierung von C=N-Doppelbindungen eine gute Alternative dar. In einer Iridium-katalysierten Reduktion können mit dem Ferrocen-Diphosphin-Liganden **18** unter optimierten Reaktionsbedingungen sehr gute Umsätze von bis zu 99% mit unterschiedlichen Imin-Substraten erzielt werden. So wird das Amin (*R*)-**22** ausgehend vom entsprechenden Ketoimin **21** mit 93% Ausbeute und 93% *ee* erhalten (Abbildung 11).[32] Die Einführung von sterisch anspruchsvolleren Alkylresten wirkt sich allerdings negativ auf die Enantioselektivität aus. Mit einer *tert*-Butylgruppe anstelle des Methylrestes werden lediglich 80% *ee* (*R*) erreicht. Mit dieser Syntheseroute wird eine Möglichkeit gezeigt, Imine direkt und ohne Einführung von Schutzgruppen in chirale Amine umzuwandeln. Ungeachtet der sehr guten Ergebnisse, ist aus synthetischer Sicht die Herstellung des prochiralen Substrats **21** ein Nachteil, da die Umsetzung des Nitils **19** mit Organolithium-Reagenzien meist *E/Z*-Stereoisomere liefert.[32]

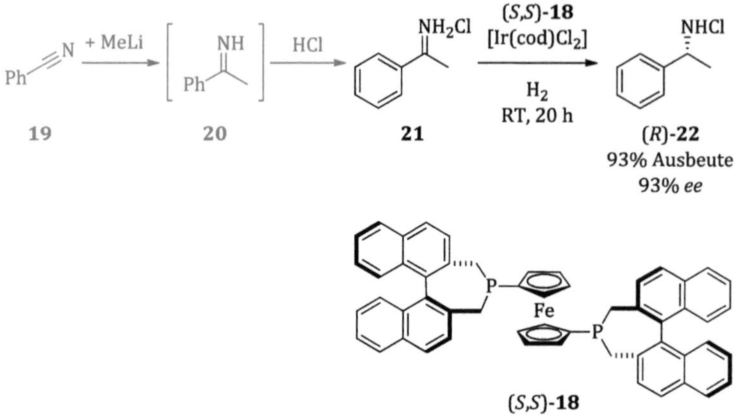

Abbildung 11. Enantioselektive Hydrierung des Imins **21**[32]

Des Weiteren erfolgt die Synthese enantimerenreiner Aminderivate (wie **26**) durch eine enantioselektive katalytische Hydrierung mit Rh^I/DuPhos (**23**). Mit lediglich 0.1 mol-% des Katalysators kann die Zielverbindung **26** mit >98% *ee* (*S*) erhalten werden. Durch Reduktion des Pinakolon-Oxims (**24**) mit Eisen ist das entsprechende Enamid **25** zugänglich (Abbildung 12).[19,37] Je nach Wahl der Alkylreste an der α-Position des Oxims können bei der Reduktion zum Enamid ebenfalls *E/Z*-Gemische entstehen.[37]

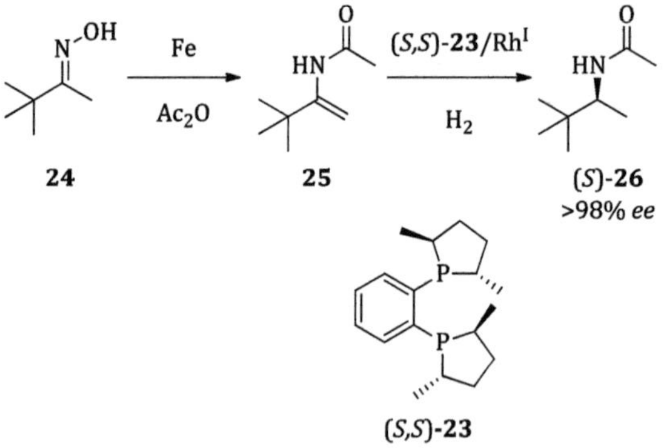

Abbildung 12. Darstellung chiraler Amine durch enantioselektive Hydrierung[19]

Ein bedeutender industrieller Prozess ist die asymmetrische Synthese des Herbizids Metolachlor **31** (Abbildung 13).[38,39,40,41,42] Durch die Atropisomerie des Wirkstoffs sowie das Chiralitätszentrum ergeben sich vier mögliche Stereoisomere. Die Herstellung der biologisch aktiven (*S*)-Enantiomere (*S*)-**31** (Handelsname Dual-Magnum®) beläuft sich (seit 1996) auf über 10000 Tonnen pro Jahr[38] und stellt eines der schnellsten homogenen Systeme dar.[40] Schlüsselschritt der Reaktion ist die Iridium-katalysierte enantioselektive Imin-Hydrierung unter Verwendung des chiralen Xyliphos-Liganden **27**. Die Umsetzung des Imins **28** verläuft unter 80 bar H_2-Druck bei 50°C binnen drei Stunden quantitativ und liefert das entsprechende Amin (*S*)-**29** mit einem Enantiomerenüberschuss von 79% *ee*. Durch anschließende Chloracetylierung mit **30** gelangt man zum gewünschten Produkt (*S*)-**31**.[40] Mit dem Ersatz des Racemats *rac*-**31** durch die höher wirksamen (*S*)-Enantiomere (*S*)-**31** konnten 40% der bisher einzusetzenden Herbizidmenge eingespart werden, womit die Umweltbelastung reduziert wurde.[38]

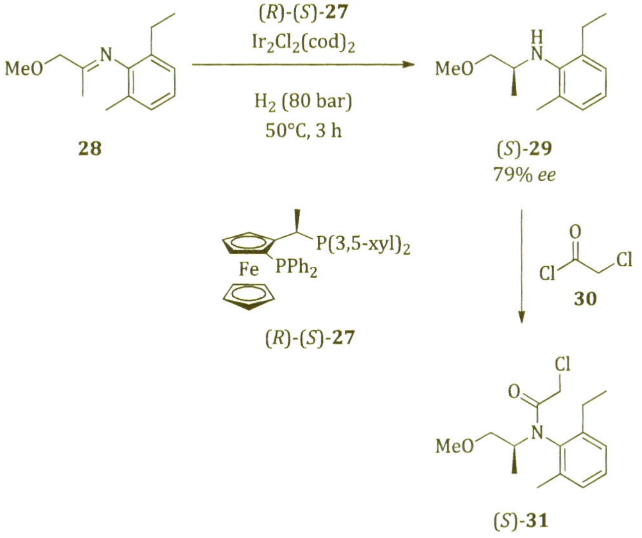

Abbildung 13. Synthese von (*S*)-Metolachlor ((*S*)-**31**)[40]

Ein weiteres Konzept zur Herstellung enantiomerenreiner Amine ist die Rhodium-katalysierte Hydrierung von Enamiden wie **34**. Dabei kommen sowohl chirale Phosphin-Aminophosphin-Liganden vom Typ **32**[43] als auch PhtalaPhos-Liganden wie **33**[44] zum Einsatz. Die Umsetzung von **34** verläuft in beiden Fällen quantitativ und das Produkt (*R*)-**5** wird mit 93% *ee* bzw. 98% *ee* erhalten (Abbildung 14).

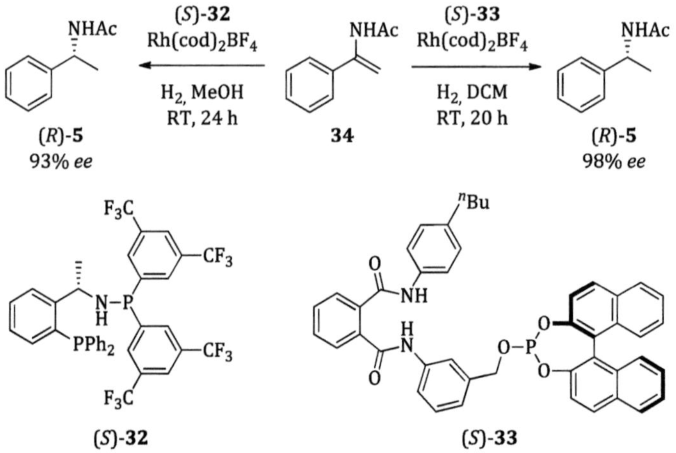

Abbildung 14. Rh-katalysierte Hydrierung von **34**[43,44]

Der Zugang zu β-Aminosäuren wird durch den Einsatz von β-Aminoacrylaten als Aminkomponente ermöglicht. Als chiraler Ligand kann hier ein Polymer-gebundenes Monophosphit des BINOL-Typs **35** dienen. In einer Rhodium-katalysierten Reaktion wird die Umwandlung des Enamids **36** zur entsprechenden Aminosäure **37** ermöglicht (Abbildung 15). Sowohl (*E*)- als auch (*Z*)-**36** werden zu (*S*)-**37** umgesetzt, wobei mit dem (*Z*)-Substrat (*Z*)-**36** höhere Umsätze (94%) erzielt werden als mit dem (*E*)-Acrylat (*E*)-**36** (73% Umsatz). Die resultierenden Enantiomerenüberschüsse von (*S*)-**37** sind vergleichbar und liegen bei 96% *ee* (aus (*E*)-**36**) bzw. 97% *ee* (aus (*Z*)-**36**). Werden weiterhin anstatt des Methylrestes an β–Position des Substrats **36** längere Alkylketten, wie Ethyl- und Isopropylgruppen eingesetzt, können

Umsatz und *ee*-Werte noch gesteigert werden, allerdings bewirken letztere (*R*)-Konfiguration im Produkt.[45]

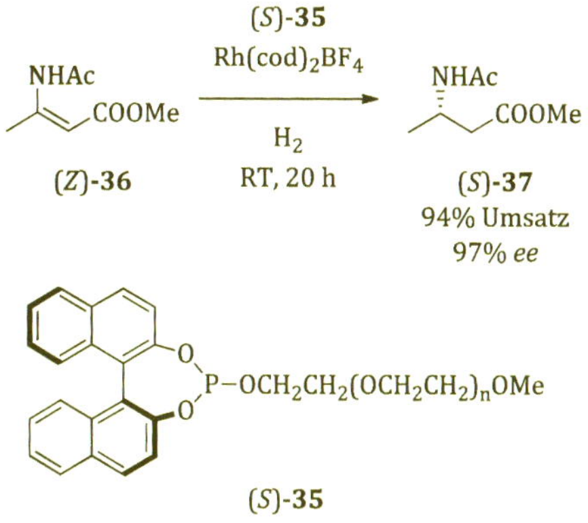

Abbildung 15. Synthese von β-Aminosäuren[45]

Die Möglichkeiten zur Synthese chiraler Amine auf dem Wege der Metallkatalyse sind vielfältig, liefern mittlerweile gute Produktausbeuten und sind weitestgehend hochselektiv. Trotzdem bedarf es meist teurer chiraler Liganden, deren Darstellung zunächst mehrere Syntheseschritte erfordert, sowie den Einsatz von Metallen zur Komplexbildung. Eine Herausforderung besteht darin, diese Metall-katalysierten asymmetrischen Reaktionen durch umweltbewusstere Prozesse, wie beispielsweise biokatalytische Varianten mit leicht zugänglichen Enzymen, zu ersetzen.

3.2.2 Enzym-katalysierte Synthesen

Ein biotechnologisches Verfahren zur Herstellung chiraler Amine ist die Transaminierung. Dabei wird ein Keton mittels einer Transaminase in das entsprechende Amin umgewandelt, wobei Pyridoxalphosphat als Cofaktor dient. Die Verwendung von (*S*)- bzw. (*R*)-selektiven Biokatalysatoren ermöglicht den Zugang zu beiden Enantiomeren des Zielmoleküls. Für die Synthese gibt es zwei grundsätzliche Möglichkeiten (Abbildung 16).[19] Einerseits kann direkt aus dem Keton **38** das Amin (*S*)-**2** enantiomerenrein synthetisiert werden (A) und andererseits ermöglicht eine Racematspaltung des Amins *rac*-**2** den Zugang zum enantiomerenreinen Produkt (*R*)-**2** (B). Allerdings sind die Produktmischungen, die mit Variante B entstehen, schwerer zu trennen als bei Methode A, da sowohl racemisches Substrat (*rac*-**2**) als auch (*R*)-**2** im Rohprodukt enthalten sind.[19] Zudem muss für eine hohe Enantiomerenreinheit des Amins (*R*)-**2** der Umsatz der Racematspaltung (B) über 50% liegen.

Die biokatalytischen Synthesen mit Transaminasen liefern zwar enantiomerenreine Produkte, allerdings können die Reaktionen nur im wässrigen Medium bzw. in einem zweiphasigen System durchgeführt werden, was bei der Verwendung von hydrophoben Substraten meist zu geringen Produktkonzentrationen führt.[19] Des Weiteren kann die Diffusionsrate zu einer Limitierung führen, sofern diese geringer ist als die Reaktionsgeschwindigkeit.

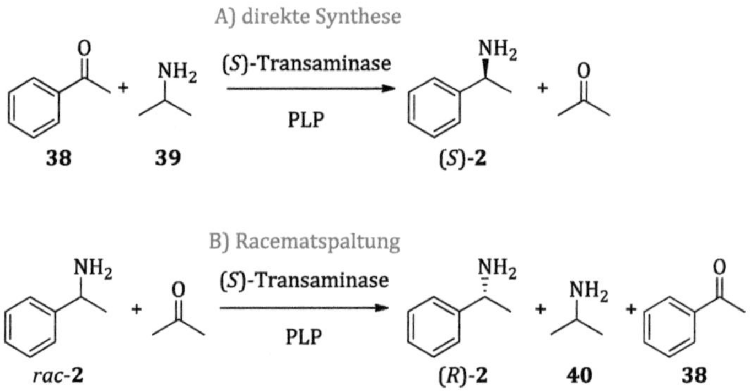

Abbildung 16. Einsatz von Transaminasen an Beispielreaktionen[19]

Sitagliptin® (**42**) stellt einen wichtigen Arzneistoff zur Behandlung von Diabetes Mellitus (Typ 2) dar und kann mittels einer modifizierten ω-Transaminase aus Prositagliptin (**41**) hergestellt werden (Abbildung 17).[46,47] Die Transaminierung stellt eine technisch interessante Perspektive dar, wobei eine relativ hohe Substratkonzentration des Ketons **41** von 250 mM realisiert wurde.[48] Als Amindonor dient hierbei Isopropylamin (**40**), welches zu Aceton umgewandelt wird. Die einfache Entfernung von Aceton als leichtflüchtigste Komponente ermöglicht die Verschiebung des Gleichgewichts auf die Produktseite. So kann Prositagliptin (**41**) nahezu quantitativ (95%) umgesetzt werden und Sitagliptin® (**42**) wird enantiomerenrein erhalten (>99% *ee*).[46] Dieses Verfahren stellt eine Alternative zur weniger stereoselektiven industriellen Variante der Rhodium-katalysierten Mehrstufen-Synthese von **42** dar. Die Verwendung sowie die Entfernung der Metallkomponente bei der asymmetrischen Hydrierung kann durch den Einsatz von Biokatalysatoren umgangen werden.[9,48]

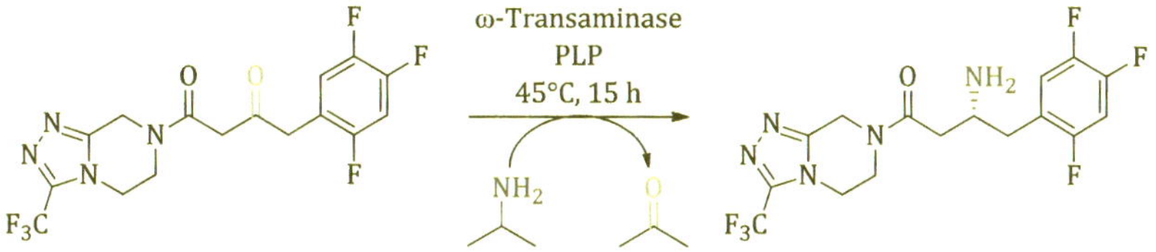

Abbildung 17. Enzymatische Synthese von Sitagliptin® (**42**)[46]

Alternativ werden für Biotransformationen vermehrt Lipasen herangezogen, die in organischem Medium stabil sind. Außerdem wird mit dem Einsatz organischer Lösungsmittel die Umsetzung eines breiteren Substratspektrums ermöglicht und denkbare Nebenreaktionen werden vermindert.[49] Die enzymatische Racematspaltung mittels Lipasen wird von BASF bereits großtechnisch angewendet; der Produktionsmaßstab für enantiomerenreine Amine beläuft sich seit 2002 auf >1000 t/a (siehe auch Abschnitt 2.1).[19]

Durch ihre Thermostabilität bewährte sich vor allem die Lipase B aus *Candida antarctica* (CAL-B) als Biokatalysator bei kinetischen Racematspaltungen, deren optimale Reaktionstemperatur zwischen 60°C und 80°C liegt.[6]

So wird CAL-B beispielsweise bei der Umsetzung von zyklischen Aminoalkoholen[50] und Diaminen (wie **43**)[51] eingesetzt. Die Synthese des enantiomerenreinen Diamids (*R,R*)-**46** (>99% *ee*) erfolgt aus *trans*-**43** in einer sequentiellen Reaktion mit Dimethylmalonat (**44**) als Acyldonor über das monosubstituierte Intermediat (*R,R*)-**45** (Abbildung 18).[49,51]

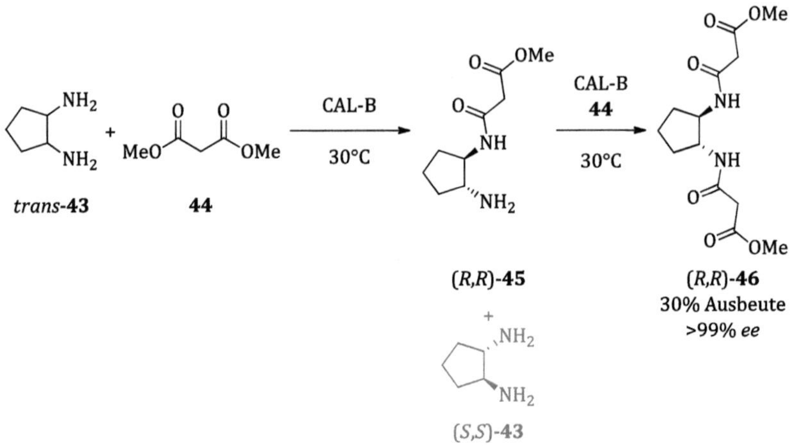

Abbildung 18. Enzymatische Racematspaltung von *trans*-**43**[51]

Die Akzeptanz der Lipasen gegenüber einem breiten Spektrum von Acyldonoren wird am Beispiel der Umsetzung von 2-Amino-4-phenylbutan (*rac*-**47**) mit CAL-B gezeigt.[12] Dabei werden sowohl kurz- als auch langkettige Carbonsäuren und deren Ester eingesetzt. Abbildung 19 zeigt die biokatalytische Racematspaltung mit Ethylacetat (**3**) als Acylierungsreagenz zum Amid (*R*)-**48** mit einem Umsatz von 50%. Die Enantiomerenüberschüsse der Amidprodukte können mit Verlängerung der Kette des Acyldonors verbessert werden. So liefert die Spaltung des entsprechenden Laurinesters nach drei Stunden Reaktionszeit einen *ee*-Wert von >99% bei einem Umsatz von 50%. Ethylmethoxyacetat (**49**) erweist sich als reaktivster Acyldonor. Hier wurde bereits nach 1.5 Stunden ein Umsatz von >50% erzielt, was allerdings zu einer verminderten Enantiomerenreinheit des Amids (*R*)-**50** von lediglich 77% *ee* führte.[12]

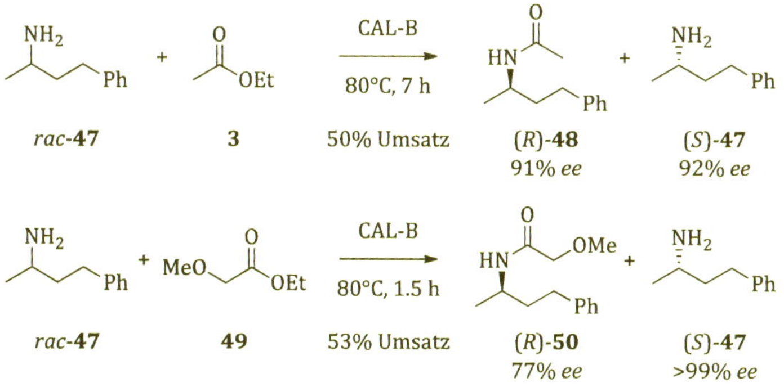

Abbildung 19. Enzymatische Racematspaltung von *rac*-**47**[12]

Der positive Einfluss eines Heteroatoms in β-Position des Acyldonors auf die Reaktionsrate wurde bereits eingehend untersucht und konnte auf die Bildung von Wasserstoffbrücken zum Aminstickstoff und dem induktiven Effekt des Heteroatoms zurückgeführt werden.[15,16,17]

Eine Vielzahl von Aminderivaten konnte mit Isopropylmethoxyacetat (**4**) in einer CAL-B-katalysierten Racematspaltung umgesetzt werden. Die Produkte werden dabei enantiomerenrein erhalten mit ≥98% *ee* für das (*R*)-Amid und ≥99% *ee* für das (*S*)-Amin (Abbildung 20).[13]

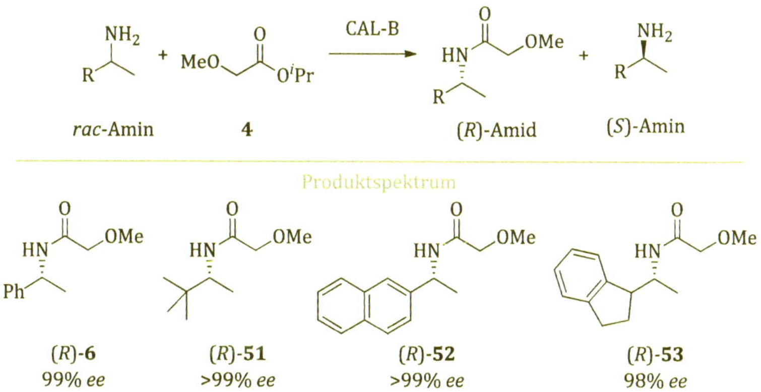

Abbildung 20. Methoxyacetat **4** als Acyldonor[13]

Die theoretisch maximal erreichbare Ausbeute dieser Reaktionen von 50% kann durch eine dynamisch-kinetische Racematspaltung (DKR) gesteigert werden. Dabei wird das verbleibende (S)-Substrat racemisiert, wodurch ein quantitativer Umsatz erzielt werden kann. Innerhalb der letzen Jahre wurde die *in situ*-Racemisierung des ungewünschten Enantiomers mit Metallkatalysatoren in Verbindung mit einer enzymatischen Racematspaltung eingehend untersucht und optimiert.[52,53,54,55,56] Die enzym- bzw. metallkatalysierten Einzelreaktionen müssen für eine DKR kompatibel sein. Um dieser Anforderung gerecht zu werden, wird häufig die thermostabile CAL-B für die Racematspaltung eingesetzt, da die für die Racemisierung von Aminen verwendeten Metallkatalysatoren erst bei erhöhten Temperaturen (60 – 100°C) zufriedenstellende Ergebnisse liefern.[57] Die Racemisierung beinhaltet häufig einen Redoxprozess, wobei die Katalysatoren auf Edelmetallen wie Palladium, Ruthenium oder Irridium basieren.[57,58]

Die Racematspaltung von 1-Phenylethylamin (*rac*-**2**) mit Methoxyacetat **4** als Acyldonor und CAL-B liefert das entsprechende Amid (*R*)-**6**. Anhand eines modifizierten Shvo-Katalysators (**54**) wird das verbleibende Enantiomer (*S*)-**2** *in situ* racemisiert, um so das Produkt (*R*)-**6** mit 68% Ausbeute und einem *ee*-Wert von 98% zu erhalten (Abbildung 21). Der Einsatz weiterer Aminsubstrate lieferte Umsätze von bis zu 80%.[59]

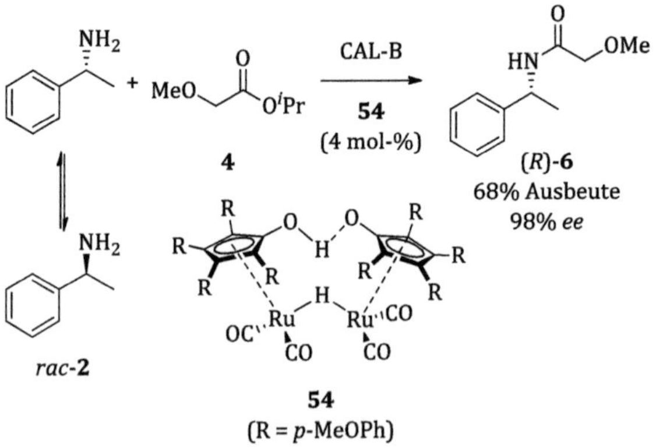

Abbildung 21. Dynamisch-kinetische Racematspaltung[59]

Eine Vielzahl an Substraten konnte ebenfalls mit dem Ruthenium-Komplex **54** und Isopropylacetat (**55**) oder Dibenzylcarbonat (**56**) als Acyldonoren umgesetzt werden, wobei Ausbeuten von bis zu 95% erzielt wurden (Abbildung 21).[55] Dennoch gilt zu beachten, dass bei dieser Enzym-Metall-katalysierten Methode oft teure und komplexe Liganden eingesetzt werden müssen, um hohe Produktausbeuten zu erzielen.

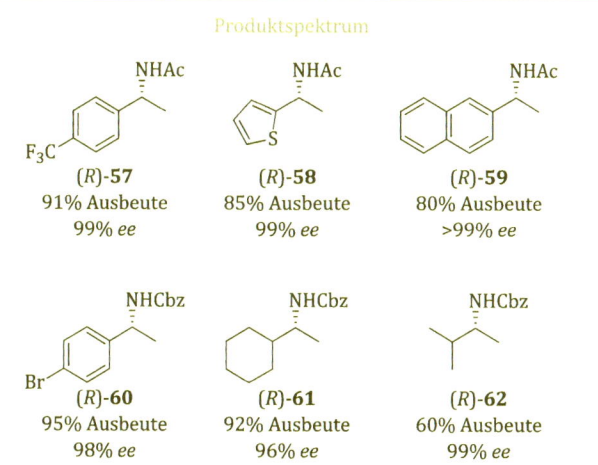

Abbildung 22. DKR mit **55** und **56** als Acyldonoren[55,57]

3.3 Eigene Ergebnisse und Diskussion

Die in diesem Abschnitt herangezogene Lipase B aus *Candida antarctica* (CAL-B) wurde ausschließlich in immobilisierter Form (Handelsname Novozym 435) eingesetzt. Im Folgenden ist diese lediglich als CAL-B bezeichnet.

3.3.1 Referenzen und Analytik

3.3.1.1 Synthese der Referenzverbindungen

Im Folgenden wurde die enantioselektive Racematspaltung von Aminen unter Einsatz der (*R*)-selektiven immobilisierten Lipase B aus *Candida antarctica* (CAL-B) untersucht. Um die dabei entstehenden Amide mittels chiraler HPLC analysieren zu können, wurden zunächst die entsprechenden Racemate synthetisiert. Die racemischen Amide wurden als Referenz zur Identifikation der Signale der Enantiomere im Chromatogramm herangezogen. Des Weiteren dienten die Racemate als Vergleich für die ^{1}H- und ^{13}C-NMR-Auswertungen.

Die Acylierung erfolgte im Falle der Amine *rac*-**2** und *rac*-**63** mit einem Säurechlorid (**64** bzw. **65**) als Acyldonor in THF und Triethylamin als Base. Die Synthese mit zugehörigem Produktspektrum ist in Abbildung 23 dargestellt (vgl. auch Abschnitt 7.2.1.1). Die Substrate wurden mit >90% umgesetzt, wobei die Ausbeuten bei bis zu 74% lagen. Die geringe Ausbeute des Amids *rac*-**5** war für die chirale HPLC-Analytik hinreichend, weshalb die Aufarbeitung für diesen Versuch nicht optimiert wurde. Für die dargestellten Produkte konnten geeignete HPLC-Methoden etabliert werden.

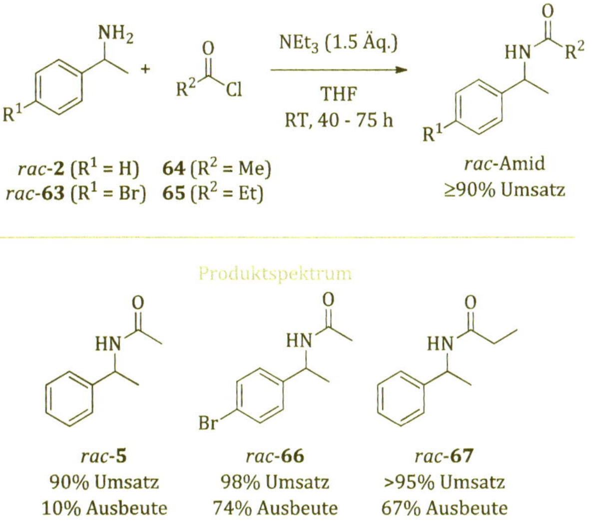

Abbildung 23. Racematsynthese (I) und Produktspektrum

Im Falle des Methylsulfonyl-substituierten Acyldonors (**69**) konnte eine Reaktion mit dem entsprechenden Säurechlorid nicht realisiert werden. Stattdessen wurden die Substrate (*rac*-**2** bzw. *rac*-**68**) mit dem Ester **69** und Ammoniumchlorid umgesetzt (Abbildung 24). Trotz der geringen Umsätze von 35% (*rac*-**70**) bzw. 21% (*rac*-**71**), wurde keine weitere Optimierung vorgenommen, da die Ausbeuten von etwa 20% für die chiralen HPLC-Messungen ausreichend waren. Die Synthese und die analytischen Daten für diese Reaktion sind detailliert in Abschnitt 7.2.1.2 beschrieben.

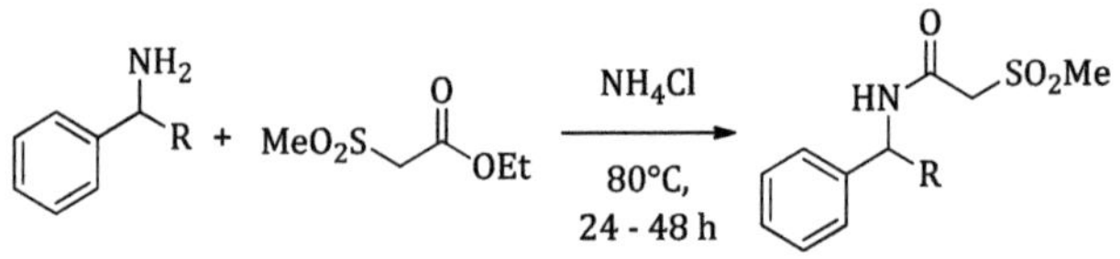

rac-2 (R = Me) + MeO$_2$S-CH$_2$-C(O)-OEt → rac-70 (R = Me)
rac-68 (R = Et)   69   NH$_4$Cl, 80 °C, 24 - 48 h   rac-71 (R = Et)

Produktspektrum

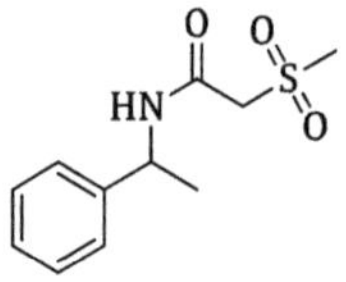

rac-70
35% Umsatz
18% Ausbeute

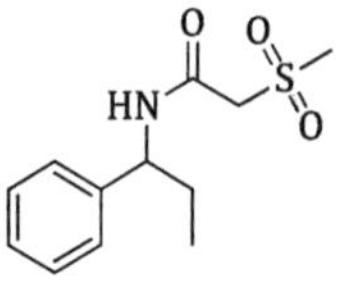

rac-71
21% Umsatz

Abbildung 24. Racematsynthese (II) und Produktspektrum

Die Synthese der Malonamide *rac*-73 und *rac*-74 erfolgte durch Erhitzen des entsprechenden Aminsubstrats (*rac*-2 bzw. *rac*-63) und Diethylmalonat (**72**) unter Rückfluss (Abbildung 25 und Abschnitt 7.2.1.3). Der im Überschuss eingesetzte Malonester **72** wurde im Anschluss destillativ vom Produkt getrennt. Für beide Substrate (*rac*-2 und *rac*-63) konnte nahezu vollständiger Umsatz (>90%) beobachtet werden. Die reinen Produkte wurden mit einer Ausbeute von 82% (*rac*-73) bzw. 30% (*rac*-74) isoliert und konnten mittels chiraler HPLC analysiert werden. Die niedrige Ausbeute von 30% für das Amid **74** lässt sich auf die Destillation zurückführen, da lediglich eine geringe Fraktion ohne Verunreinigungen erhalten werden konnte.

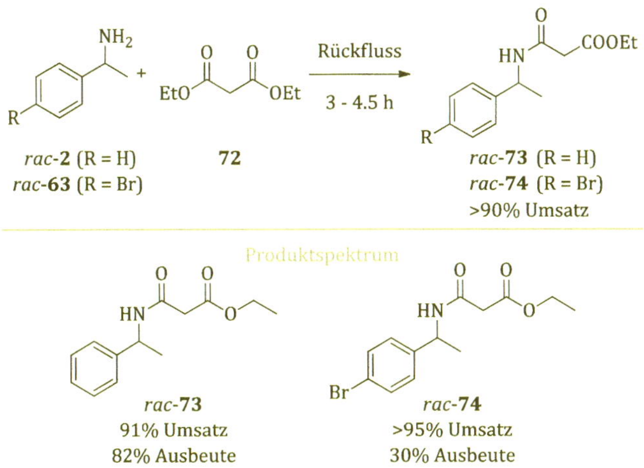

Abbildung 25. Racematsynthese (III) und Produktspektrum

Der β-Aminosäureester *rac*-75 konnte ebenfalls mit den entsprechenden Säurechloriden (64 und 65) als Acyldonoren und Triethylamin in THF umgesetzt werden (Abbildung 26 und Abschnitt 7.2.1.4). Die Synthesen für beide Produkte verliefen quantitativ. Die Ausbeuten betrugen 92% (*rac*-76) und 79% (*rac*-77). Auch in diesem Fall konnte eine geeignete chirale HPLC-Methode entwickelt werden.

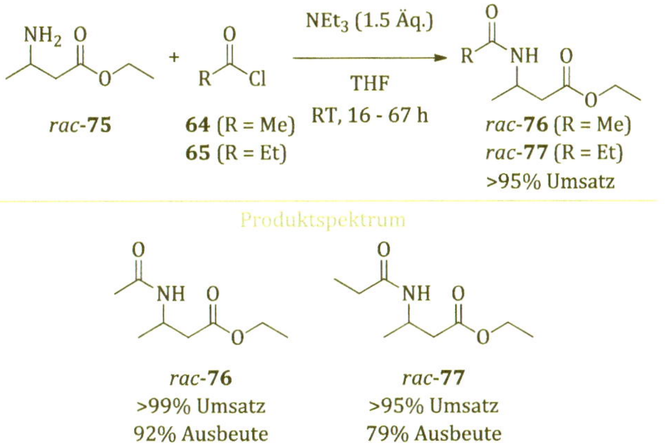

Abbildung 26. Racematsynthese (IV) und Produktspektrum

3.3.1.2 ¹H-NMR-Analytik

Um die Genauigkeit der ¹H-NMR-Analytik zur Bestimmung des Umsatzes darzulegen, wurde eine Testreaktion nachgestellt und untersucht (Abbildung 27). Dazu wurde bereits synthetisiertes Produkt (*R*)-**5** zu einer äquimolaren Menge des racemischen Substrats *rac*-**2** gegeben, um einen Umsatz von 50% zu simulieren. Ein zugehöriges ¹H-NMR-Spektrum bestätigte diesen Wert. Die realen Versuchsbedingungen wurden durch Zugabe von CAL-B und *n*-Heptan sowie dreistündiges Erhitzen bei 80°C nachgestellt. Nach Filtration und Waschen des Enzyms erfolgte eine weitere Umsatzbestimmung mittels ¹H-NMR-Spektroskopie. Das Verhältnis der beiden Komponenten ergab einen Umsatz von 47%, was einer Abweichung von 6% bzw. drei Prozentpunkten entspricht und im Rahmen der Messunsicherheit toleriert werden kann. Eine weitere Möglichkeit für die Abweichung liegt in der Aufarbeitung, da mit unzureichendem Waschen des Enzyms eventuell ein Verlust des Produkts (*R*)-**5** einhergeht, welches im Filter zurückbleibt. Zudem beinhaltet der Biokatalysator eine geringe Menge an Wasser, was zur Rückreaktion, der Spaltung des Amids (*R*)-**5**, führen könnte.

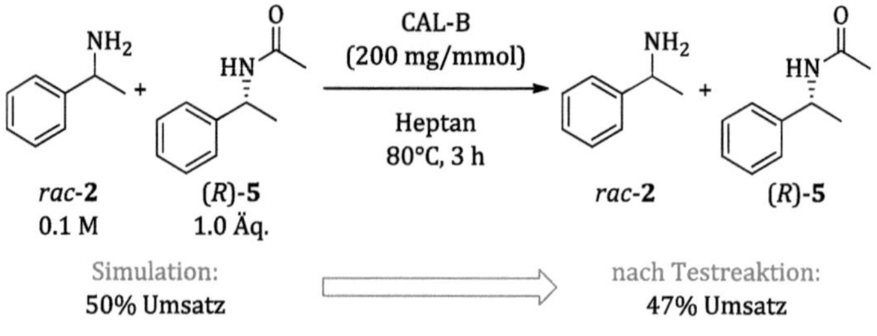

Abbildung 27. Überprüfung der ¹H-NMR-Analytik

3.3.1.3 HPLC-Analytik

Zur Bestimmung der Enantiomerenreinheit des Produkts (*R*)-**5** konnte anhand des entsprechenden Racemats *rac*-**5** bereits eine geeignete HPLC-Methode etabliert werden. Die Enantiomere des nicht-acylierten Substrats *rac*-**2** konnten mittels HPLC allerdings nicht vollständig voneinander getrennt werden, was eine exakte Bestimmung des *ee*-Wertes unmöglich machte. Daher wurde im Anschluss an die enzymatische Racematspaltung der *ee*-Wert des verbleibenden Substrats (*S*)-**2** nach chemischer Acylierung mit Acetanhydrid (**78**) in CDCl$_3$ bestimmt (Abbildung 28).[60] Das Produkt (*S*)-**5** wurde quantitativ erhalten und der Enantiomerenüberschuss konnte mittels HPLC und der bereits bestehenden Methode bestimmt werden.

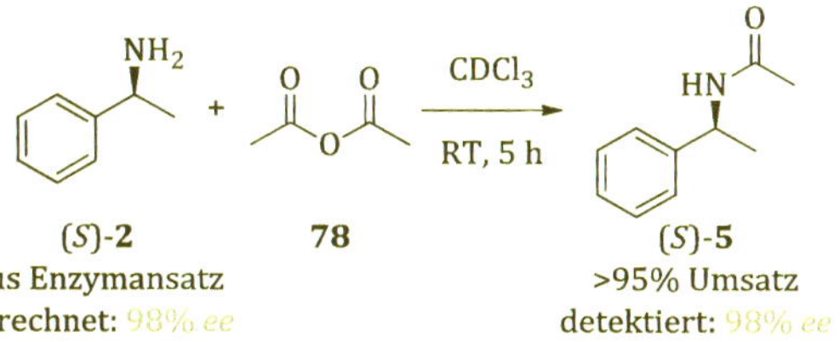

(*S*)-**2**
aus Enzymansatz
berechnet: 98% *ee*

78

(*S*)-**5**
>95% Umsatz
detektiert: 98% *ee*

Abbildung 28. Chemische Acylierung zur Bestimmung des *ee*-Wertes

Der detektierte *ee*-Wert des (*S*)-Enantiomers (*S*)-**5** (98% *ee*) stimmt mit dem aus Umsatz der zugehörigen Enzymreaktion und *ee*-Wert des resultierenden Produkts (*R*)-**5** berechnetem Wert überein. Daraufhin wurden im Folgenden die Enantiomerenüberschüsse der Substrate weitestgehend anhand eines Programms der TU Graz zur Bestimmung der Selektivität[61] berechnet; dies gilt ebenfalls für den E-Wert der jeweiligen Reaktionen. Der weitere Verlauf der Reaktion und die zugehörigen *ee*-Werte konnten anhand eines Ergebnisses (Umsatz und *ee*-Wert des Produkts) mit diesem Programm simuliert werden (Abbildung 29).

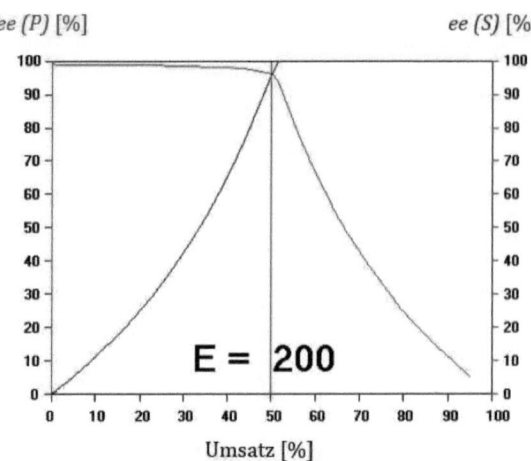

Abbildung 29. Selektivitätsbestimmung[61]

Der E-Wert beschreibt die Selektivität gegenüber den Enantiomeren und liegt für diese Reaktion bei >200. Die Berechnung erfolgt anhand von Umsatz (C) und ee-Wert des Produkts (ee_P) nach:[62,63]

$$E = \frac{\ln[1 - C \cdot (1 + ee_P)]}{\ln[1 - C \cdot (1 - ee_P)]}$$

E-Werte unter 15 sind für die praktische Anwendung nicht akzeptabel, zwischen 15 – 30 gelten diese als angemessen bis gut und darüber hinaus sind sie exzellent. E-Werte von >200 können aufgrund der Schwankungsbreite von NMR- und HPLC-Analytik nicht genau berechnet werden. Eine kleine Abweichung der ee-Werte würde in diesem Fall eine signifikante Änderung des E-Wertes zur Folge haben.[61]

3.3.2 Standardreaktion: Einleitende Versuche

Für einleitende Versuche wurde zunächst die bereits bekannte Literatur zur enzymatischen Racematspaltung herangezogen.[11,12,13,14,17,64] Diese beschreibt die Umsetzung von aliphatischen sowie aromatischen Aminen mit unterschiedlichen Acyldonoren, meist Essigsäurealkylestern (siehe auch Abschnitt 2.1 und 3.2.2), wobei je nach Reaktionsbedingungen meist relativ lange Reaktionszeiten für einen vollständigen Umsatz von 50% benötigt werden.[64] Mit Essigsäureethylester (3) und CAL-B liegen die Reaktionszeiten zwischen 60 Stunden und 21 Tagen.[11,65] Hohe Reaktionsraten wurden mit der Verwendung von Methoxyessigsäureestern (wie 4 und 49) als Acylierungsreagenzien erreicht. Allerdings sind die teilweise hohen Lipasenmengen für eine Anwendung in größerem Maßstab problematisch.[13,15] Zunächst wurden diese Versuche bei Raumtemperatur bis 40°C durchgeführt. Mit Einsatz der thermostabilen CAL-B konnten alipahtische Substrate mit Ethylacetat (3) durch Erhöhung der Temperatur auf 80°C binnen sieben Stunden umgesetzt werden.[12]

Innerhalb dieser Arbeit soll weiterführend untersucht werden, inwiefern die enzymatische Racematspaltung mit aromatischen Aminen beschleunigt werden kann. Dazu wurde zunächst die Reaktion von 1-Phenylethylamin (*rac*-2) als Standardsubstrat und Ethylacetat (3) als Acyldonor untersucht (siehe auch Abschnitt 7.2.1.8). Als Biokatalysator wurde CAL-B in immobilisierter Form (Novozym 435) verwendet, da sich diese als eine der effektivsten Lipasen für Acylierungsreaktionen herauskristallisierte.[12,65] Das Amin *rac*-2 wurde zunächst in unterschiedlichen Konzentrationen eingesetzt. Des Weiteren wurde das Acylierungsmittel 3 einerseits im Überschuss als Solvens eingesetzt und andererseits lediglich äquimolar, wobei *n*-Heptan als Lösungsmittel fungierte. Die Enzymmenge betrug jeweils 200 mg/mmol Substrat. Chemische Kontrollen im Hinblick auf mögliche Hintergrundreaktionen enthalten lediglich Substrat *rac*-2 und Acyldonor 3, kein Enzym. Die Ergebnisse der einzelnen Versuche sind in Tabelle 1 aufgelistet. Die *ee*-Werte wurden mittels HPLC detektiert beziehungsweise berechnet (siehe Abschnitt 3.3.1.3) und die absolute Konfiguration anhand der Literaturdaten bestimmt.

Tabelle 1. Einleitende Versuche zur Racematspaltung des Amins *rac*-2

Eintrag	Amin 2 [mM]	Acyldonor 3 Äq.	Solvens	CAL-B [mg/mmol]	T [°C]	t [h]	Umsatz[a] [%]	ee_P[b] [%]
1	30	>330	EtOAc	200	80	20	80	27
2	67	>150	EtOAc	200	40	20	58	17
3	67	>150	EtOAc	200	RT	20	48	35
4	100	1.0	*n*-Heptan	200	80	4.5	50	98
5	50	>200	EtOAc	---	80	20	0	-
6	50	>200	EtOAC	---	RT	43	0	-
7	100	1.0	*n*-Heptan	---	80	4.5	0	-

a) berechnet aus ¹H-NMR-Spektrum, b) berechnet aus HPLC-Spektrum, --- nicht zugegeben.

Die für Eintrag 4 herangezogenen Bedingungen[12] lieferten mit einem Umsatz von 50% nach 4.5 Stunden und Enantiomerenüberschüssen von 98% *ee* für das Produkt (*R*)-**5** und das verbleibende Substrat (*S*)-**2** die besten Werte (Abbildung 30). Die Reaktionsbedingungen für dieses Experiment wurden nachfolgend als Standard für weitere Versuche und neue Substrate verwendet.

Ein Versuch unter selbigen Bedingungen ohne Zugabe von CAL-B zeigte, dass die Acylierung nur in Anwesenheit des Biokatalysators abläuft (Eintrag 7). Eine spontan ablaufende chemische Reaktion würde ansonsten zu einer Verringerung des *ee*-Wertes von (*R*)-**5** führen.

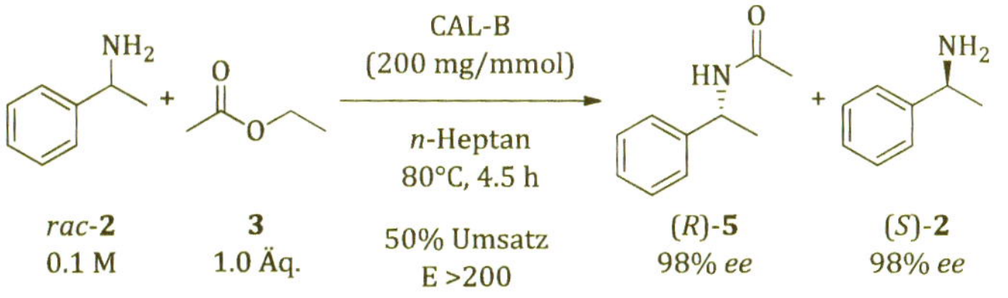

Abbildung 30. Standardreaktion: Enzymatische Racematspaltung von *rac*-**2**
(vgl. Tabelle 1, Eintrag 4)

3.3.3 Prozessoptimierung

Für die Optimierung der enzymatischen Racematspaltung von *rac*-**2** mit Ethylacetat (**3**) als Acyldonor, wurden verschiedene Reaktionsbedingungen untersucht (siehe auch Abschnitt 7.2.1.9). Dazu wurden Temperatur, Lösungsmittel, Reaktionszeit und Enzymmenge nacheinander variiert. Durch ein anschließendes Recyclingverfahren wurde die mögliche Rückgewinnung der Lipase betrachtet, welche die Nachhaltigkeit der Biotransformation steigert.

3.3.3.1 Temperatureffekt

CAL-B toleriert einen weiten Temperaturbereich und zeichnet sich vor allem durch ihre Stabilität bei hohen Temperaturen aus. Das Optimum liegt je nach Reaktion bei 60°C – 80°C.[6] Aus diesem Grund wurde der Einfluss der Temperatur auf die in Abschnitt 3.3.2 dargestellte Standardreaktion untersucht (Tabelle 2).

Tabelle 2. Temperatureffekt

rac-**2** + **3** → (R)-**5** + (S)-**2**
CAL-B (200 mg/mmol), n-Heptan, T, 4.5 h
rac-**2**: 0.1 M; **3**: 1.0 Äq.

Eintrag	T [°C]	Umsatz[a] [%]	Ausbeute [%]	ee_P[b] [%]	ee_S[c] [%]	E(C,P)[c]
1	30	<5	n.b.	n.b.	n.b.	n.b.
2	50	21	7	99	26	>200
3	60	18	11	99	22	>200
4	80	50	27	98	98	>200

a) berechnet aus ^{1}H-NMR-Spektrum, b) berechnet aus HPLC-Spektrum, c) berechnet aus Umsatz und ee-Wert des Produkts, n.b. nicht bestimmt.

Die Erniedrigung der Temperatur bewirkte in diesem Fall einen geringeren Umsatz von 18% bei 60°C (Eintrag 3), 21% bei 50°C (Eintrag 2) bzw. <5% bei 30°C (Eintrag 1). Die Selektivität blieb mit sehr guten Werten von ≥98% ee für das Produkt (R)-**5** erhalten, ebenso wie die zugehörigen E-Werte (>200). Für die Reaktion bei 30°C (Eintrag 1) konnten aufgrund des geringen Umsatzes (<5%) weder ee-Werte noch E-Wert berechnet werden. Die Ergebnisse sind in Abbildung 31 graphisch dargestellt. Für ein effizientes Ergebnis, sollte diese Reaktion bei einer Temperatur von ca. 80°C durchgeführt werden.

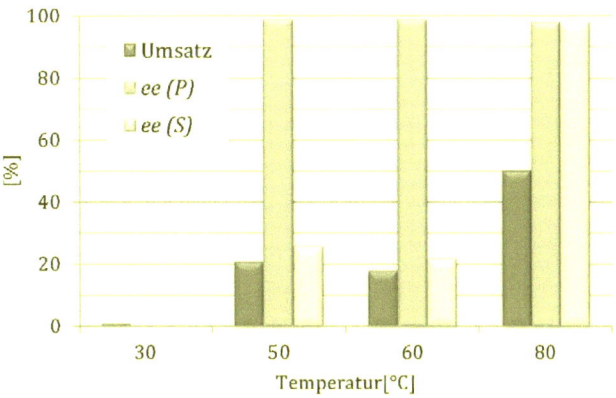

Abbildung 31. Temperatureffekt

3.3.3.2 Lösungsmitteleffekt

Die Wahl des Lösungsmittels wirkt sich signifikant auf Enzyme im Speziellen, besonders aber auf CAL-B, aus.[64,66] Für die Verwendung von Lipasen in organischem Medium empfehlen sich vor allem unpolare Lösungsmittel, um eine hohe Aktivität und Stabilität zu gewährleisten.[6] Daher wurden weitere organische Solventien für die Untersuchung der Reaktion ausgewählt (Abbildung 32). Methylcyclohexan (MeCH) und Cyclohexan (CH) lieferten vergleichbare Ergebnisse wie n-Heptan (etwa 50% Umsatz zu (R)-5). Die Enantiosmerenüberschüsse waren für beide Lösungsmittel ebenfalls mit den Ergebnissen der Standardreaktion vergleichbar (97% ee mit MeCH, 98% ee mit CH). Die E-Werte für diese Reaktionen liegen jeweils über 200. Für Toluol und Methyl-*tert*-butylether (MTBE) müsste für einen besseren Umsatz die Reaktionszeit erhöht werden. Ethyl-*tert*-butylether (ETBE) ist für diese Reaktion mit einem Umsatz von lediglich 8% ungeeignet. Aufgrund der geringeren Umsätze der drei letzten Lösungsmittel, wurde keine ee-Wertbestimmung durchgeführt.

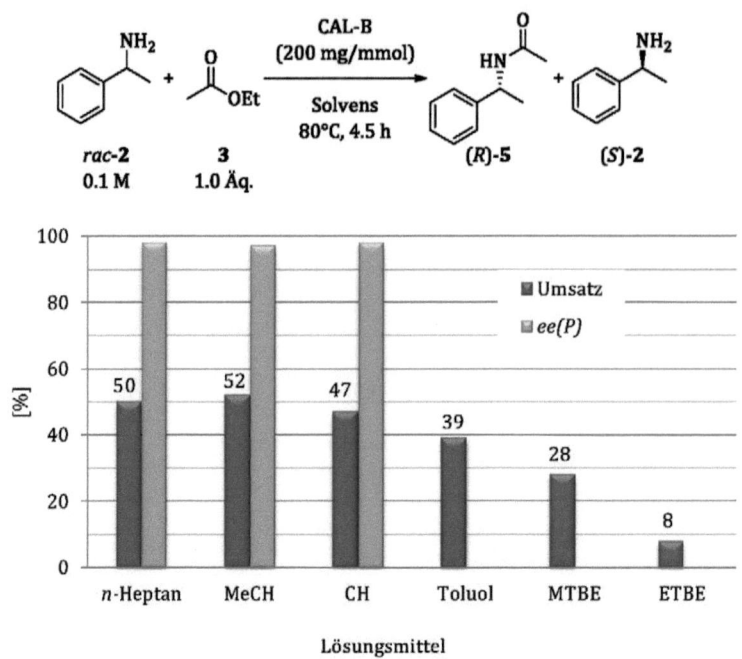

Abbildung 32. Variation des Lösungsmittels

3.3.3.3 Kinetik

Da die Reaktion mit *n*-Heptan bereits nach 4.5 Stunden einen Umsatz von 50% erreichte, wurde anschließend der Reaktionsverlauf nachvollzogen. Dazu wurde die Standardreaktion nach unterschiedlichen Reaktionszeiten abgebrochen und der Umsatz bestimmt (Tabelle 3). Die Messpunkte der experimentell ermittelten *ee*-Werte für (*R*)-**5** stimmen mit der simulierten Kurve, berechnet aus den Ergebnissen zur Reaktion mit 4.5 Stunden, überein (vgl. Abschnitt 3.3.1.3, Abbildung 29).

Eine graphische Darstellung der Ergebnisse verdeutlicht einen nahezu optimalen Reaktionsverlauf (Abbildung 33); der Umsatz nimmt mit fortschreitender Reaktionszeit zu. Die hervorragende Enantioselektivität des Enzyms zeigt sich auch hier in den *ee*-Werten des Produkts (*R*)-**5** (98% – 99% *ee*); die E-Werte liegen meist über 200. Nach spätestens drei Stunden

Reaktionszeit ist die Umsetzung des racemischen Substrats (*rac*-2) abgeschlossen (50% Umsatz, Tabelle 3, Eintrag 5).

Tabelle 3. Reaktionsverlauf

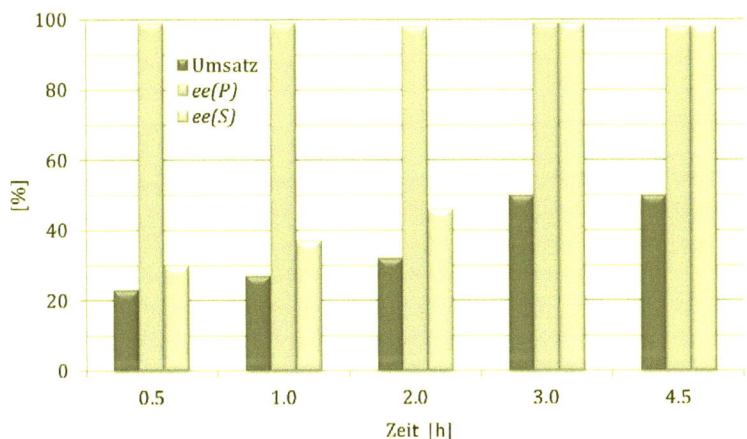

Eintrag	t [h]	Umsatz [%]	Ausbeute [%]	ee_P [%]	ee_S [%]	E(C,P)
1	0.5	23	12	99	30	>200
2	1	27	15	99	37	>200
3	2	32	26	98	46	156
4	3	50	42	99	99	>200
5	4.5	50	27	98	98	>200

Abbildung 33. Reaktionsverlauf der Racematspaltung von *rac*-2

3.3.3.4 Enzymbeladung

Der Gesamtproteinanteil der immobilisierten CAL-B liegt bei lediglich 5% (w/w), wovon wiederum 40% (w/w) den Lipasegehalt darstellen.[67] Die Standardmenge an eingesetztem Biokatalysator von 200 mg/mmol entspricht also einer tatsächlichen Lipasekonzentration von 4 mg/mmol. Trotz des relativ geringen Anteils an CAL-B, wurde im Folgenden die Beladung verringert, um den Einfluss auf die Reaktionsrate zu untersuchen (Abbildung 34).

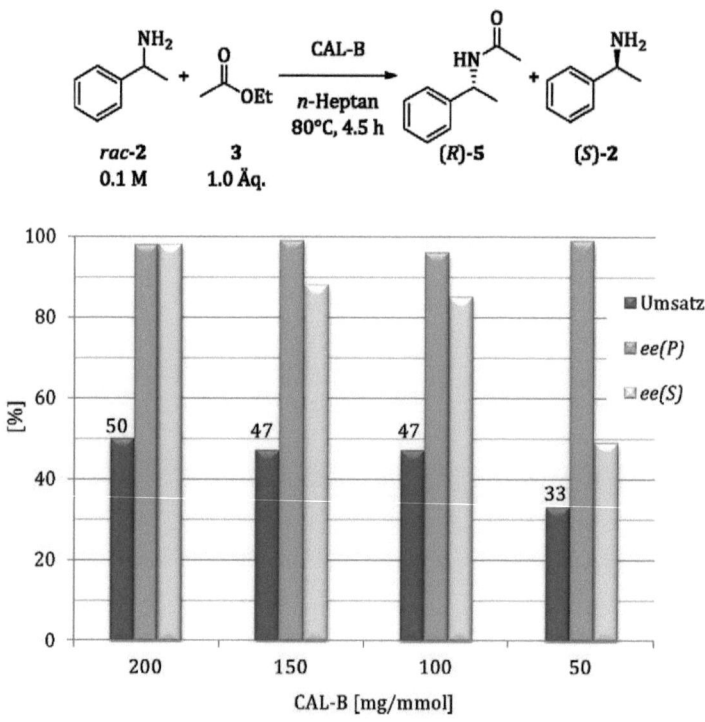

Abbildung 34. Einfluss der Enzymbeladung

Das Herabsetzen der Enzymbeladung auf 150 mg/mmol und 100 mg/mmol hatte nur einen geringen negativen Effekt auf den Umsatz von rac-**2** zu (R)-**5** (47% anstatt 50%). Da eine Schwankung des Umsatzes von 6% mit der Auswertung der ^{1}H-NMR-Spektren einhergeht, ist eine Enzymkonzentration von

100 mg/mmol (davon 2 mg Lipase) durchaus realisierbar. Eine erneute Reduzierung auf 50 mg/mmol lieferte lediglich einen Umsatz von 33%, der durch Erhöhung der Reaktionszeit ausgeglichen werden könnte, sofern die Enzymstabilität über einen längeren Zeitraum gewährleistet werden kann. Bei allen Reaktionen lagen die *ee*-Werte erwartungsgemäß bei >95% ((*R*)-**5**).

3.3.3.5 Enzymrecycling

Aktivität und Stabilität der Lipase CAL-B sollten anhand eines Recyclingverfahrens getestet werden (Tabelle 4). Die Rückgewinnung des Enzyms im Anschluss an eine Reaktion war mit Filtration, Waschen und Trocknen sehr effizient und leicht zu handhaben. Der Verlust des Katalysators bei der Reinigung (Tabelle 4, 2. Spalte) wurde ausgeglichen durch entsprechend kleinere Ansätze, somit blieben die sonstigen Reaktionsbedingungen für alle Versuche gleich. Für das Recycling wurde nach den Ergebnissen in Abschnitt 3.3.3.4 eine Katalysatorbeladung von 150 mg/mmol gewählt, alle weiteren Bedingungen entsprachen dem Benchmark-Experiment (vgl. Abbildung 30).

Die Auswertung der Ergebnisse zeigte, dass die Aktivität der Lipase während der ersten vier Recyclingphasen stabil bleibt. Dabei waren Umsätze von etwa 50% realisierbar, wobei sehr gute *ee*-Werte für das Produkt (*R*)-**5** von mindestens 97% erzielt werden konnten (Zyklus 1 – 4). Drei weitere Zyklen zeigten geringere Umsätze (30% – 40%), was auf einen Verlust der Enzymaktivität hindeutet (Zyklus 5 – 7). Eine graphische Darstellung der Ergebnisse ist in Abbildung 35 gezeigt.

Nach dreimaliger Rückgewinnung der immobilisierten CAL-B konnte ein Enzymabrieb beobachtet werden, wobei das in Mikrokügelchen vorliegende Enzym nach und nach pulverisierte. Dies lag wahrscheinlich an der zu hohen Rührgeschwindigkeit und könnte zur Umsatzabnahme beitragen. Die mechanische Belastung in Verbindung mit der mehrfachen Verwendung könnte zur Abnahme der Enzymaktivität führen. Zudem besteht die Möglichkeit, dass sich das Enzym bei höheren Temperaturen und wiederholtem Einsatz teilweise vom Immobilisat löst.[68] Somit würden für die Reaktion weniger als 3 mg/mmol reine Lipase eingesetzt (2% Lipaseanteil in eingesetzter CAL-B), was ein weiteres Indiz für den geringeren Umsatz darstellt.

Durch die Tatsache, dass CAL-B ab der fünften Reaktion komplett als Pulver vorlag, wird in weiterführenden Reaktionen (Abschnitt 3.3.5.3.2) die Rührgeschwindigkeit konstant niedrig gehalten, um diesen Effekt zu verringern.

Tabelle 4. Enzymrecycling

Zyklus	CAL-B [mg]	Umsatz[a] [%]	Ausbeute [%]	ee_P[b] [%]	ee_S[c] [%]	E(C,P)[c]
1	300	47	44	99	88	>200
2	288	48	30	97	90	>200
3	225	49	25	98	94	>200
4	200	49	44	99	88	>200
5	180	42	30	97	90	>200
6	154	31	n.b.	n.b.	n.b.	n.b.
7	125	37	n.b.	n.b.	n.b.	n.b.

a) berechnet aus ¹H-NMR-Spektrum, b) berechnet aus HPLC-Spektrum, c) berechnet aus Umsatz und ee-Wert des Produkts, n.b. nicht bestimmt.

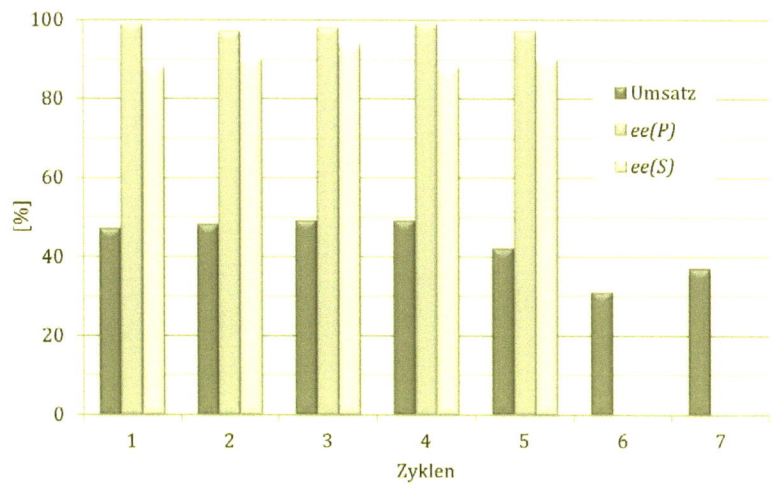

Abbildung 35. Enzymrecyling

3.3.4 Variation der Acyldonoren

Die Auswahl geeigneter Acyldonoren ist entscheidend bei der Racematspaltung von Aminen. Reaktive Substrate wie beispielsweise Enolester können mit den nucleophilen Aminen eine spontane und nicht-enzymatische Reaktion eingehen, was zu einer Verringerung der Enantiomerenreinheit führen würde.[12] Aufgrund des sehr breiten Substratspektrums von CAL-B, kann dennoch eine Vielzahl an Acyldonoren herangezogen werden. Eine Auswahl an Acylierungsreagenzien wurde bei der enzymatischen Racematspaltung eingesetzt und deren Aminolyseergebnisse miteinander verglichen (Abbildung 36). Dazu wurden neben Ethylacetat (**3**) 2-Methylsulfonylessigsäureethylester (**69**), Propionsäureethylester (**79**), Malonsäurediethylester (**72**), Malonsäuredimethylester (**44**) und die freien Carbonsäuren, Propionsäure (**80**) und Malonsäure (**81**) eingesetzt. Ein Überblick der ausgewählten Acyldonoren ist in Abbildung 36 dargestellt.

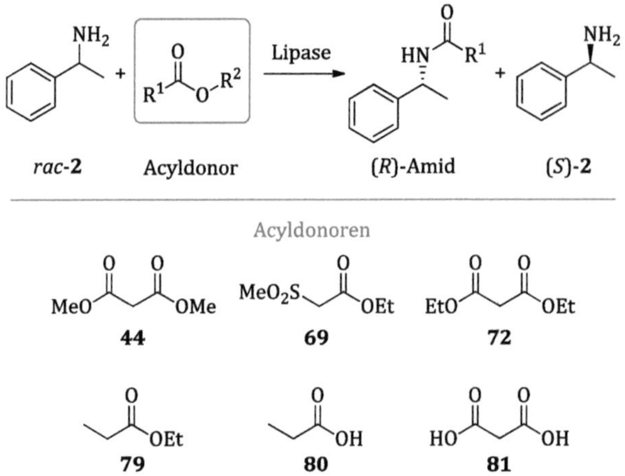

Abbildung 36. Art alternativer Acyldonoren

3.3.4.1 2-Methylsulfonylessigsäureethylester (69) als Acyldonor

Für die Reaktion eines aliphatischen Amins mit 2-Methoxyessigsäureestern (**4** bzw. **49**) konnte gezeigt werden, dass die Methoxygruppe einen signifikanten Einfluss auf die Reaktivität im Vergleich zum unsubstituierten Essigsäureester hat.[12,15,16,17] Die Reaktion wird begünstigt durch den elektronenziehenden Effekt des Sauerstoffs und der Ausbildung von schwachen Wasserstoffbrücken zum Proton des Amins, was den Übergangszustand stabilisiert.[16]

Als ein ebenfalls aktivierter Acyldonor mit einem Sulfonylsubstituenten an β-Position wurde im Folgenden **69** eingesetzt. Die Reaktion von *rac*-**2** mit **69** wurde bereits in der Literatur beschrieben, wobei nach 42 Stunden bei einer Temperatur von 40°C vollständiger Umsatz erzielt wurde.[69] Die Untersuchung unterschiedlicher Bedingungen sollte zeigen, welchen Einfluss der Schwefelsubstituent an β-Position des Acyldonors jeweils auf die Reaktion hat (Tabelle 5).

Tabelle 5. Verwendung des Acyldonors **69**

Eintrag	Amin 2 [M]	Acyldonor 69 Äq.	Solvens	Lipase [mg/mmol]	T [°C]	t [h]	Umsatz [%]	ee_P [%]	E(C,P)
1	0.1	2.0	MTBE	CAL-B 40	40	42	21	46	3
2	0.1	1.0	n-Heptan	CAL-B 300	80	20.5	35	92	39
3	0.2	1.0	n-Heptan	Amano PS 300	80	20.5	27	85	16
4	0.1	2.0	MTBE	---	RT	42	0	-	-
5	0.1	1.0	n-Heptan	---	80	20	0	-	-

Der Literaturversuch lieferte nach 42 Stunden einen Umsatz von 52% und 91% *ee* für das Produkt (*R*)-**70**, was einem E-Wert von 116 entspricht.[69] Die beschriebenen Reaktionsbedingungen wurden für einen ersten Versuch herangezogen, wobei lediglich 21% Umsatz und ein *ee*-Wert von 46% für (*R*)-**70** erreicht werden konnten (Tabelle 5, Eintrag 1). Das schlechtere Resultat könnte unter anderem auf die Verwendung unterschiedlicher Enzymchargen zurückzuführen sein. Durch die Erhöhung der Lipasemenge auf 300 mg/mmol sowie den Einsatz von *n*-Heptan anstatt MTBE als Solvens und Variation der Menge an Acyldonor **69** konnte der *ee*-Wert auf 92% gesteigert und für den Umsatz ein höherer Wert von 35% erzielt werden (Eintrag 2). Die Verwendung der Lipase Amano PS zeigte keine Verbesserung (Eintrag 3), was das Potential der CAL-B für diesen Reaktionstyp bestätigt. Ohne die Zugabe von Enzym bei unterschiedlichen Bedingungen konnte kein Umsatz festgestellt werden

(Eintrag 4 und 5); eine spontane Aminolyse beeinträchtigt demnach nicht die enzymatische Reaktion.

Zusammenfassend konnte mit dem Einsatz des aktivierten Acyldonors **69** keine besseren Resultate erzielt werden im Vergleich zu den bisherigen Ergebnissen mit Ethylacetat (**3**). Auch nach Variation der Reaktionsbedingungen wurden keine zufriedenstellenden Umsätze erreicht und keine höheren Reaktionsraten festgestellt. Der induktive Effekt des β-Schwefel-Atoms im Acyldonor zeigt in diesem Fall keinen positiven Einfluss.

3.3.4.2 Propionsäure (80) als Acyldonor

Einen weiteren Einfluss auf die Enantioselektivität der Reaktion übt die Kettenlänge des Acyldonors aus.[64] Daher wurden sowohl Propionsäure (**80**) und später auch der entsprechende Ethylester **79** (Abschnitt 3.3.4.3) für die enantioselektive Acylierung von *rac*-**2** eingesetzt. Die freie Säure **80** lieferte mit *rac*-**2** nach 4.5 Stunden einen Umsatz von 43% und einen *ee*-Wert des Amids (*R*)-**67** von 94% (Abbildung 37). Beide Werte sind vergleichbar mit der Reaktion von Ethylacetat (**3**) unter denselben Bedingungen (47% Umsatz, 96% *ee*, siehe Abschnitt 3.3.3.4). Spontan ablaufende chemische Reaktionen in Abwesenheit des Biokatalysators konnten auch in diesem Fall ausgeschlossen werden, da die Reaktion ohne CAL-B keinen Umsatz lieferte.

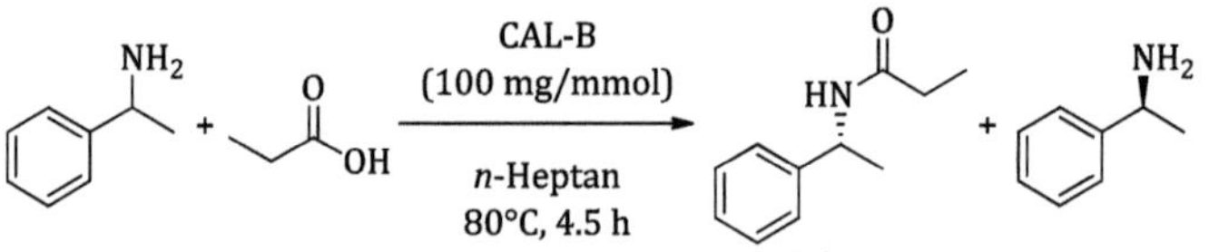

rac-**2** 0.1 M | **80** 1.0 Äq. | (*R*)-**67** 43% Umsatz 94% *ee* | (*S*)-**2**

Abbildung 37. Propionsäure (**80**) als Acyldonor

3.3.4.3 Propionsäureethylester (79) als Acyldonor

Mit Propionsäureethylester (**79**) als Acyldonor wurden im Vergleich zu Ethylacetat (**3**) bessere Ergebnisse erzielt (Tabelle 6 und Abbildung 38). Der zeitliche Verlauf der Reaktion zeigt, dass bereits nach 2 Stunden ein Umsatz von 48% erreicht wurde, verbunden mit einem ebenfalls hohen *ee*-Wert von 94% für das resultierende Amid (*R*)-**67**. Daraus ergibt sich ein E-Wert von E = 91 (Eintrag 3).

Die aufgeführten Reaktionen stellen jeweils einzelne Versuche dar. Die Ergebnisse basieren nicht auf einem Ansatz, aus dem nach angegebener Zeit Proben zur Umsatzbestimmung entnommen worden sind. Dies erklärt die geringen Abweichungen der letzten vier Versuche, welche durch Wäge- bzw. Pipettierfehler und die Schwankungsbreite bei der Auswertung mittels ^{1}H-NMR- und HPLC-Software entstehen. Daraus resultiert ebenfalls die Schwankung des E-Wertes im Bereich von 91 bis 193, welcher aus Umsatz und *ee*-Wert des Produkts (*R*)-**67** berechnet wurde.

Anhand Tabelle 6 und Abbildung 38 ist zu erkennen, dass sich der Umsatz auch nach längeren Reaktionszeiten bei etwa 50% einstellt. Um eine hohe Enantioselektivität sicherzustellen, sollte die Differenz der Reaktionsraten beider Enantiomere möglichst groß sein. Dies kann für den gezeigten Fall bestätigt werden, da sich die Reaktionsgeschwindigkeit bei Erreichen des Umsatzes von 50% deutlich verringert.

Tabelle 6. Reaktionsverlauf mit **79** als Acyldonor

Eintrag	t [h]	Umsatz[a] [%]	ee_P[b] [%]	ee_S[c] [%]	E(C,P)[c]
1	0.5	26	n.b.	n.b.	n.b.
2	1	34	93	48	44
3	2	48	94	87	91
4	3	50	96	96	193
5	4.5	49	95	91	125
6	4.75	52	92	99	125

a) berechnet aus ¹H-NMR-Spektrum, b) berechnet aus HPLC-Spektrum, c) berechnet aus Umsatz und *ee*-Wert des Produkts, n.b. nicht bestimmt.

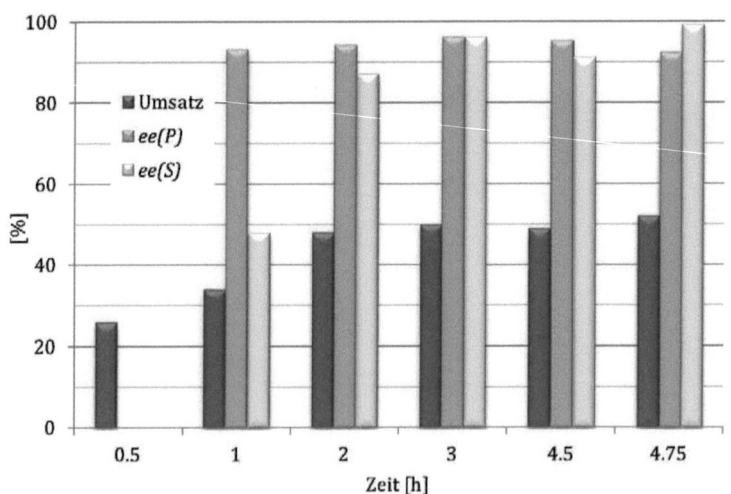

Abbildung 38. Reaktionsverlauf mit **79** als Acyldonor

3.3.4.4 Malonsäure (81) als Acyldonor

Die Verwendung einer Dicarbonsäure sollte zeigen, ob die Reaktionsrate durch das Vorliegen einer zweiten Carbonsäure-Funktionalität im Acyldonor gesteigert werden kann. Bei Verwendung der Malonsäure (81) konnte anhand der dargestellten Reaktionsbedingungen allerdings nur ein Umsatz von höchstens 34% erreicht werden (Abbildung 39). Dies steht möglicherweise in Zusammenhang mit der (reversiblen) Salzbildung zwischen Carbonsäure (81) und Amin (2), was wiederum die Bildung zum Acyl-Enzym-Komplex beeinträchtigt.[70]

Die Angabe des Umsatzes konnte aufgrund des Signal-Rausch-Verhältnisses im ¹H-NMR-Spektrum nicht genauer erfolgen. Durch diese Schwankungsbreite und die Abweichung, die mit der Auswertung einhergeht, kann lediglich ein Umsatzbereich von 15% bis 34% angegeben werden. Eine exakte Bestimmung war in diesem Fall nicht möglich. Auch Wiederholungsversuche zeigten keine Verbesserung des ¹H-NMR-Spektrums, woraufhin dieser Acyldonor in Folgeversuchen nicht weiter eingesetzt wurde.

Weiterhin konnte aufgrund der freien Säuregruppe im Amid (*R*)-82 keine eindeutige HPLC-Analyse durchgeführt werden. Ein abschließender Versuch ohne Zugabe von CAL-B lieferte keinen Umsatz, womit Hintergrundreaktionen ausgeschlossen werden können.

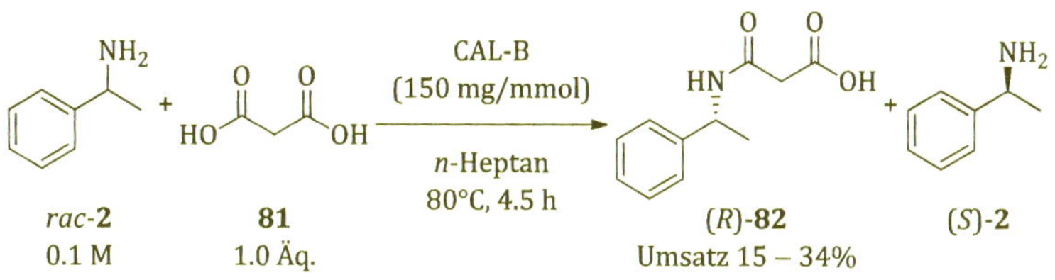

Abbildung 39. Enzymatische Acylierung mit Malonsäure (81) als Acyldonor

3.3.4.5 Diethylmalonat (72) als Acyldonor

Im Vergleich zur freien Säure **80** stellte sich Diethylmalonat (**72**) in eingehenden Versuchen als sehr guter Acyldonor heraus (Abbildung 40). Nach einer Reaktionszeit von 4.5 Stunden unter Standardbedingungen konnte ein Umsatz von 50% erzielt werden. Auch der *ee*-Wert des Produkts (*R*)-**73** war mit 97% hervorragend. Die weitere Untersuchung des Reaktionsverlaufs zeigte eine sehr hohe Reaktionsrate. Nach zehn Minuten konnte bereits ein Umsatz von 41% beobachtet werden. Die Schwankungen von drei Prozentpunkten, also etwa 7%, innerhalb der ersten Versuche können mit dem Fehler aus ^{1}H-NMR-Analytik erklärt werden (vgl. Abschnitt 3.3.1.2).

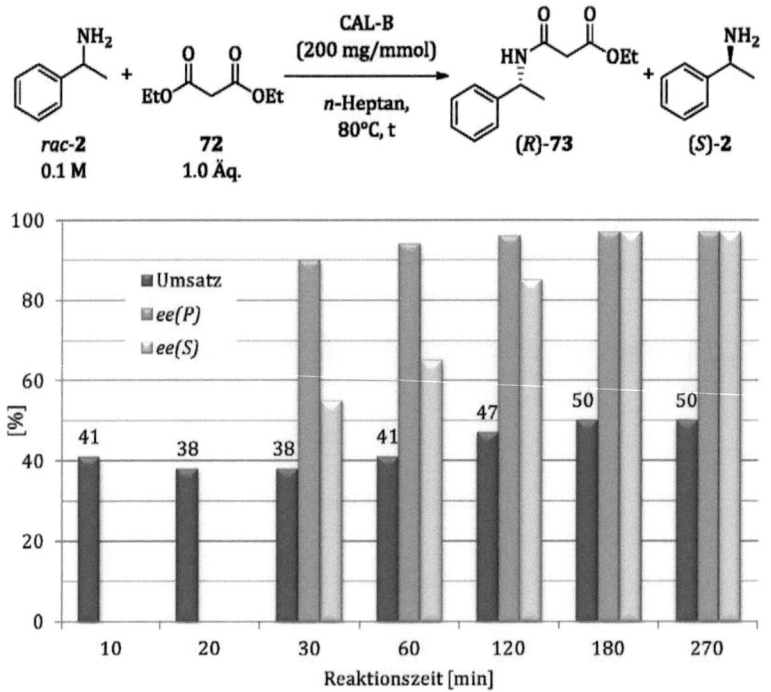

Abbildung 40. Diethylmalonat (**72**) als Acyldonor

Die Bildung des Diamids als Nebenprodukt konnte anhand eingehender ^{1}H-NMR-Analytik sowie der Massenspektrometrie ausgeschlossen werden. Des

Weiteren wurden keine Hintergrundreaktionen für die enzymatische Synthese beobachtet, da ohne Enzymzugabe kein Umsatz zu verzeichnen war.

Anhand Abbildung 40 ist zu erkennen, dass die *ee*-Werte des Produkts (*R*)-**73** mit dem Umsatz zunehmen (90% - 97% *ee*). Eine Simulation der Selektivitäten anhand der Ergebnisse nach drei Stunden (Umsatz 50%, 97% *ee*) zeigt das Gegenteil (Abbildung 41). Mögliche Fehler sind zum einen die Abweichungen bei HPLC-Messungen (±3%) und zum anderen die Durchführung mehrerer getrennter Reaktionen anstatt einer einzigen mit Probenentnahmen nach genannter Reaktionszeit.

Die *ee*-Werte der beiden ersten Messungen wurden aufgrund der geringen Ansatzgröße nicht bestimmt; nach Abbildung 41 sollten diese aber über 90% *ee* liegen.

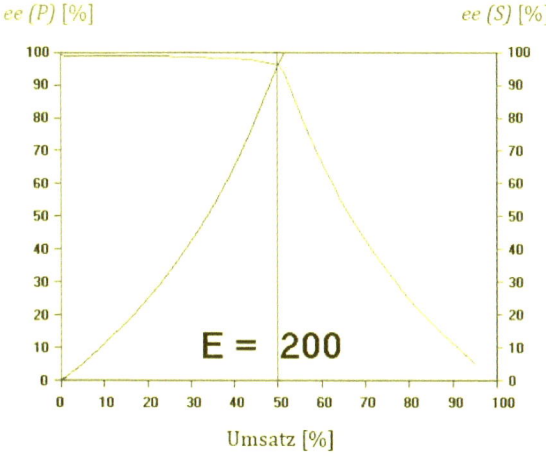

Abbildung 41. Selektivitätsbestimmung anhand der Ergebnisse nach dreistündiger Reaktion (vgl. Abbildung 40)

3.3.4.6 Vergleich der Acyldonoren

Der direkte Vergleich der besten Ethylester als Acyldonoren zeigt deutlich, dass Diethylmalonat (**72**) durch die hohe Reaktionsgeschwindigkeit eine besondere

Stellung einnimmt (Abbildung 42). Bereits nach zehnminütiger Reaktion konnten 41% Produkt (R)-73 erhalten werden (¹H-NMR-Umsatz). Auch nach 0.5 Stunden lag der Umsatz mit Diethylmalonat (72) deutlich über den Werten der beiden anderen Acyldonoren 3 und 79.

Ein Vergleich von Acetat 3 und Propionat 79 zeigt, dass die längere Alkylkette des Acyldonors einen positiven Einfluss auf die Reaktionsrate hatte. Die Umsätze mit 79 waren bei allen Vergleichsreaktionen höher.

Nach lediglich dreistündiger Reaktionszeit konnte mit allen beschriebenen Acylierungsreagenzien 50% Umsatz erreicht werden.

Aufgrund der hervorragenden Ergebnisse mit Malonsäurediethylester (72), wurde dieser Acyldonor im Folgenden näher betrachtet (siehe Abschnitt 3.3.5 und 7.2.1.11).

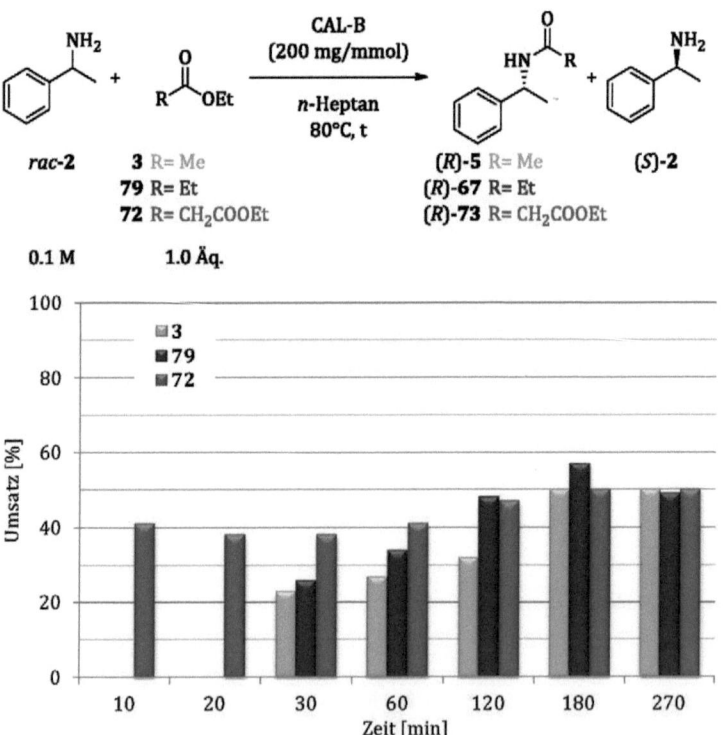

Abbildung 42. Reaktionsverlauf in Abhängigkeit von der Art des Acyldonors

3.3.5 Racematspaltung mit Diethylmalonat (72) als Acyldonor

3.3.5.1 ¹H-NMR-Analytik

Wie bereits in Abschnitt 3.3.1.2 mit Ethylacetat (**3**) beschrieben, wurde auch für das System mit Diethylmalonat (**72**) als Acyldonor die Genauigkeit der ¹H-NMR-Analytik überprüft (Abbildung 43). Dafür wurde zunächst 1 mmol Substrat *rac*-**2** zu etwa 1.6 mmol bereits synthetisiertem Produkt (*R*)-**73** gegeben und somit ein Umsatz von 61% simuliert. Dieser Wert wurde mittels ¹H-NMR-Spektroskopie bestätigt. Durch Zugabe von *n*-Heptan und CAL-B sowie dreistündiges Erhitzen bei 80°C wurden reale Versuchsbedingungen nachgestellt. Nach Ablauf der Testreaktion wurde das Enzym abfiltriert und das Verhältnis der beiden Komponenten **2** und **73** erneut anhand eines ¹H-NMR-Spektrums bestimmt. Der so erhaltene Wert für den Umsatz beträgt 58%, was mit 5% Abweichung (drei Prozentpunkten) im Fehlerbereich der ¹H-NMR-Methode liegt. Wie bereits in Abschnitt 3.3.1.2 beschrieben, stellen Aufarbeitung (Verlust von **73**) sowie eventuelle Nebenreaktionen (Rückreaktion mit H_2O) weitere Fehlerquellen dar. Die vorangegangene Simulation mit Ethylacetat (**3**) lieferte eine ähnliche Schwankungsbreite von 6%.

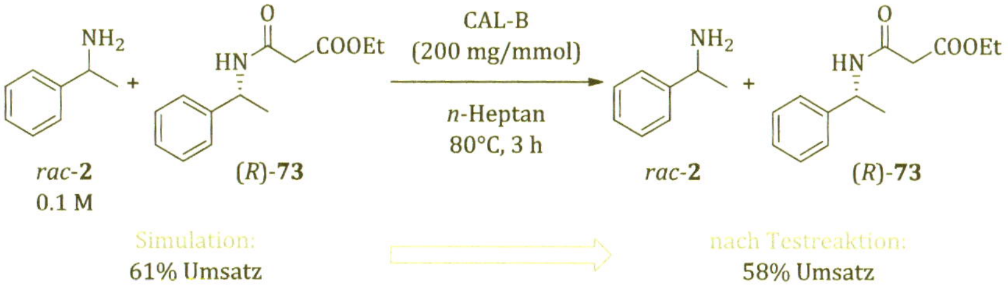

Abbildung 43. Überprüfung der ¹H-NMR-Analytik zur Umsatzbestimmung

3.3.5.2 Prozessoptimierung

3.3.5.2.1 Kinetik

Um die Reaktionsgeschwindigkeit genauer untersuchen zu können, wurde die Enzymmenge weiter herabgesetzt und das Reaktionsvolumen auf das zehnfache (100 ml) vergrößert, um den Wägefehler bei Bereitstellung des Enzyms zu minimieren. Die eingesetzte Menge von 0.2 mg/mmol Immobilisat entspricht einem tatsächlichen CAL-B-Gehalt von 4 µg/mmol Substrat (vgl. Abschnitt 3.3.3.4). Die acht separaten Versuche sind in Abbildung 44 dargestellt. Die Enantiomerenüberschüsse, sowie die Enantioselektivitäten wurden aufgrund der geringen Umsätze weitestgehend nicht bestimmt. Ein exemplarischer Wert wurde für eine Reaktionszeit von einer Stunde ermittelt. Dieser lag bei 86% *ee* für (*R*)-**73**. Der Reaktionsverlauf bestätigte die hohe Rate der enzymatischen Reaktion auch bei extrem geringer Enzymbeladung. Ein Umsatz von 16% wurde bereits nach 4.5 Stunden erhalten.

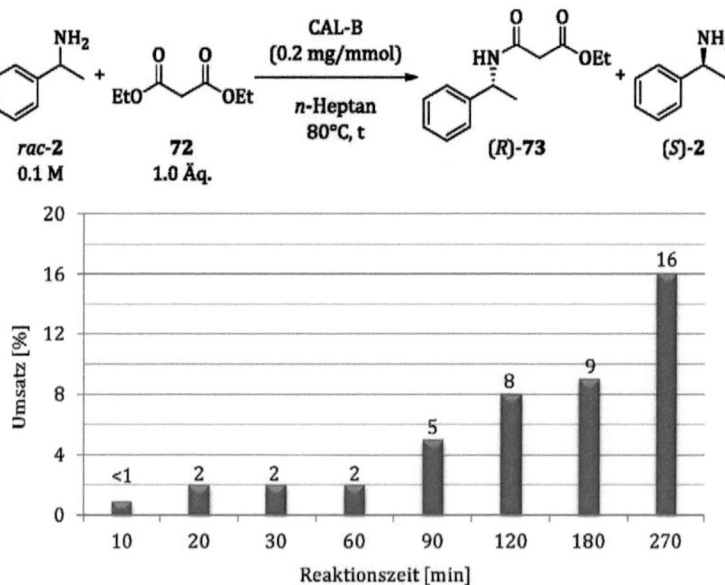

Abbildung 44. Kinetik bei geringer Enzymbeladung

3.3.5.2.2 Einfluss der Temperatur

Des Weiteren wurde zur Untersuchung der Reaktion der Einfluss der Temperatur herangezogen. Dabei wurden drei Messungen bei 80°C, 40°C und Raumtemperatur durchgeführt (Abbildung 45). Die Ergebnisse zeigten, dass sich auch mit Diethylmalonat (**72**) als Acyldonor der Umsatz mit abnehmender Temperatur verringert. Wie in vorangegangenen Versuchen bereits beobachtet, lag die optimale Reaktionstemperatur bei 80°C (vgl. Abschnitt 3.3.3.1). Für den Versuch bei Raumtemperatur konnte der *ee*-Wert des Produkts (*R*)-**73** aufgrund der nicht-linearen Baseline des aufgenommenen Chromatogramms nicht eindeutig bestimmt werden. Es konnte lediglich ein Bereich zwischen 90% und 96% *ee* für diesen Versuch festgelegt werden. Die *ee*-Werte von (*R*)-**73** bei Temperaturen von 80°C und 40°C liegen bei 97% *ee* bzw. 99% *ee*, womit E-Werte von >200 erreicht wurden.

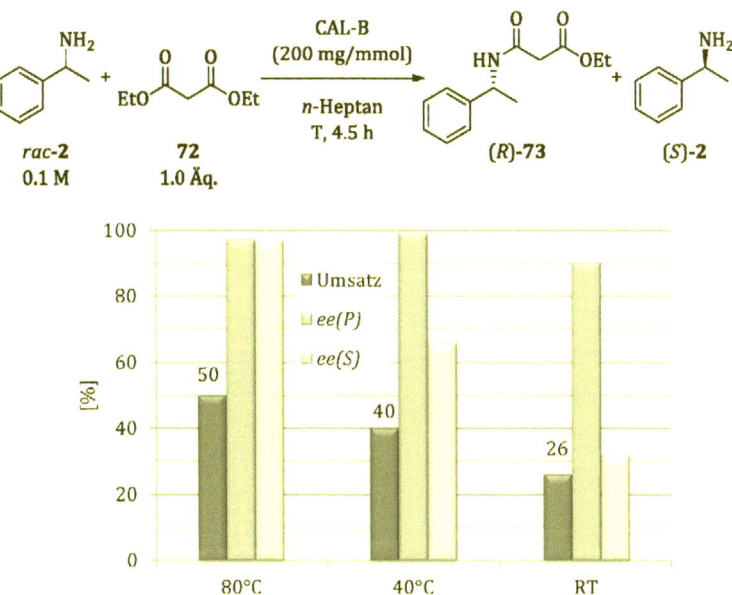

Abbildung 45. Einfluss der Temperatur

3.3.5.2.3   Variation der Enzymbeladung

Nachdem die optimale Reaktionstemperatur auf 80°C festgelegt wurde, konnte im Anschluss die Enzymmenge von 200 mg/mmol auf nur 40 mg/mmol herabgesetzt werden (Tabelle 7). Ein Vergleich der Werte nach 0.5 Stunden, zeigte einen Umsatzrückgang von 38% bei 200 mg/mmol CAL-B (Eintrag 1) auf 27% bei 40 mg/mmol Enzym (Eintrag 3). Bei einer Reaktionszeit von 4.5 Stunden beträgt dieser Unterschied lediglich 10% (Eintrag 2 und 4). Mit einem Fünftel der Enzymbeladung lief die Reaktion zu 45% ab (Eintrag 4). Die *ee*-Werte der ersten vier Reaktionen von (*R*)-**73** lagen im oberen Bereich (≥90% *ee*). Der Einsatz von 5 mg/mmol zeigte einen deutlich geringeren Umsatz von 28% und einen verminderten *ee*-Wert von 76% (Eintrag 5), was mit Verlängern der Reaktionszeit optimiert werden könnte, sofern die Enzymstabilität über einen längeren Zeitraum konstant bleibt.

Die starke Abweichung der E-Werte innerhalb der zusammengehörenden Versuche (Eintrag 1 und 2 sowie Eintrag 3 und 4) liegt unter anderem daran, dass es sich jeweils um separate Versuche handelt, die nie exakt übereinstimmen. Sie unterliegen Wäge- und Pipettierfehlern sowie Temperaturschwankungen trotz Verwendung eines Kontaktthermometers. Außerdem können sich geringe Abweichungen bei der Bestimmung des *ee*-Wertes mittels chiraler HPLC-Analytik signifikant auf die Berechnung des E-Werts auswirken.

Tabelle 7. Variation der Enzymbeladung

rac-**2** (0.1 M) + EtO-CO-CH$_2$-CO-OEt (**72**, 1.0 Äq.) →[CAL-B, n-Heptan, 80 °C, t] (R)-**73** + (S)-**2**

Eintrag	CAL-B [mg/mmol]	t [h]	Umsatz [%]	ee_P [%]	ee_S [%]	E(C,P)
1	200	0.5	38	90	55	33
2	200	4.5	50	97	97	>200
3	40	0.5	27	95	35	55
4	40	4.5	45	96	79	117
5	5	4.5	28	76	30	10

3.3.5.2.4 Erhöhung der Substratkonzentration

Des Weiteren konnte die Substratkonzentration von bisher 100 mM um das Zehnfache auf 1.0 M gesteigert werden (Tabelle 8). Die Enzymmenge betrug dabei für alle Reaktionen die optimierte Konzentration von 40 mg/mmol. Die Umsätze nach 0.5 Stunden bei drei unterschiedlichen Substratkonzentrationen lagen im selben Bereich (ca. 30%, Eintrag 1, 3 und 5). Bei einer Konzentration der Substrate von 1.0 M konnte nach 5 Stunden ein Umsatz von 43% erhalten werden (Eintrag 7). Der Stoffumsatz wurde durch eine verlängerte Reaktionszeit von 19 Stunden auf 48% gesteigert (Eintrag 8). Die bemerkenswert hohe Selektivität des Enzyms wird bei Betrachtung des Reaktionsverlaufs deutlich. Die Reaktionsrate ist zu Beginn sehr hoch, wird aber im Umsatzbereich von 50% deutlich geringer. Obwohl nach halbstündiger

Reaktion bereits 31% Umsatz erreich werden konnte (Eintrag 5), wurden die 50% auch nach 19 Stunden noch nicht überschritten (Eintrag 8).

Die Schwankung der E-Werte wurde bereits beschrieben und ist auf verschiedenen Fehlerquellen wie Wäge- und Pipettierfehler, Temperaturschwankungen und die Auswertung der HPLC-Chromatogramme zurückzuführen.

Tabelle 8. Erhöhung der Substratkonzentration

Eintrag	Amin 2 [M]	t [h]	Umsatz[a] [%]	ee_P[b] [%]	ee_S[c] [%]	E(C,P)[c]
1	0.1	0.5	27	95	35	55
2	0.1	4.5	45	96	79	117
3	0.5	0.5	30	n.b.	n.b.	n.b.
4	0.5	3	23	97	29	87
5	1.0	0.5	31	87	39	21
6	1.0	3	40	87	58	25
7	1.0	5	43	96	72	106
8	1.0	19	48	95	88	113

a) berechnet aus ^{1}H-NMR-Spektrum, b) berechnet aus HPLC-Spektrum, c) berechnet aus Umsatz und ee-Wert des Produkts, n.b. nicht bestimmt.

Mit einer Substratkonzentration von 1.0 M wurde im Folgenden die Enzymmenge weiter auf 10 mg/mmol reduziert. Damit die Reaktion nahezu komplett ablief (50% Umsatz), wurde der Verlauf anhand der Zeit untersucht (Tabelle 9). Auch hier ist zu erkennen, dass sich die zu Beginn relativ schnelle Reaktion einem Höchstwert annäherte und ein Umsatz von 50% erst sehr spät erreicht bzw. überschritten wurde. Der Umsatz zu (R)-**73** lag nach 19 Stunden bei 46% (Eintrag 3), wobei im weiteren zeitlichen Verlauf (24 Stunden) keine Erhöhung detektiert wurde (Eintrag 4). Damit konnte erneut die hervorragende Enantioselektivität der CAL-B gegenüber den Substraten herausgestellt werden. Dass der Umsatz auch nach einer Reaktionszeit von 24 Stunden 46% beträgt, ist ungewöhnlich, kann aber darauf zurückgeführt werden, dass sich die Reaktion bei Annäherung an einen Umsatz von 50% extrem verlangsamt (siehe auch Abschnitt 3.3.4.5). Des Weiteren können Rundungsfehler sowie Abweichungen bei der ^{1}H-NMR-Analytik für die gleichen Werte verantwortlich sein.

Anhand Tabelle 9 ist außerdem die Abhängigkeit des E-Wertes vom ee-Wert des Produkts deutlich zu erkennen. Obwohl Eintrag 3 und 4 jeweils einen Umsatz von 46% ergeben und die Unterschiede der ee-Werte (97% bzw. 95% ee) innerhalb der Messungenauigkeit der HPLC-Methode toleriert werden können, weichen die resultierenden E-Werte stark voneinander ab.

Tabelle 9. Reaktionsverlauf bei niedriger Enzymbeladung

Eintrag	t [h]	Umsatz [%]	ee_P [%]	ee_S [%]	E(C,P)
1	5	37	99	58	>200
2	10	43	95	72	83
3	19	46	97	83	170
4	24	46	95	81	97

3.3.5.2.5 Vergleich mit Dimethylmalonat (44)

In der Literatur wurde Dimethylmalonat **44** als Acyldonor bereits für die enzymatische Racematspaltung unter Einsatz von CAL-B herangezogen (vgl. Abschnitt 3.2.2). Für einen vollständigen Umsatz zum gewünschten Diamid **46** war allerdings eine Enzymmenge von 500 mg/mmol und neun Stunden Reaktionszeit erforderlich.[51]

Da Diethylmalonat (**72**) in vorangegangenen Versuchen einen hervorragenden Acyldonor darstellte, wurde zum Vergleich Dimethylmalonat (**44**) als Acylierungsreagenz herangezogen (Tabelle 10 und Abbildung 46). Die Reaktion wurde mit unterschiedlichen Lösungsmitteln (*n*-Heptan und MTBE), Enzym- und Substratkonzentrationen durchgeführt. Die Vergleiche (Tabelle 10, Eintrag 1 mit 2 und Eintrag 3 mit 4) zeigten, dass der Umsatz mit Dimethylmalonat (**44**) jeweils fast 20 Prozentpunkte geringer war als mit Diethylmalonat (**72**). Trotz der exzellenten Reaktivität des Diesters **72** konnten keine vergleichbaren Ergebnisse mit **44** erzielt werden. Aufgrund der geringen Umsätze mit **44** wurden keine weiteren Untersuchungen mit diesem Acyldonor durchgeführt. Eintrag 5 zeigt, dass auch für dieses System Hintergrundreaktionen ausgeschlossen werden konnten, da ohne Enzymzugabe keine Stoffumwandlung stattfand. In keiner der gezeigten Reaktionen, ob mit oder ohne Enzym, konnte eine theoretisch mögliche Dimerbildung beobachtet werden.

Tabelle 10. Vergleich der Malonate als Acyldonoren

Eintrag	Amin 2 [M]	Acyldonor	Produkt	Solvens	CAL-B [mg/mmol]	T [°C]	Umsatz [%]
1	0.1	44	83	n-Heptan	200	80	30
2	0.1	72	73	n-Heptan	200	80	48
3	1.0	44	83	MTBE	10	60	23
4	1.0	72	73	MTBE	10	60	42
5	0.1	44	83	n-Heptan	---	80	0

a) berechnet aus ¹H-NMR-Spektrum. — nicht zugegeben.

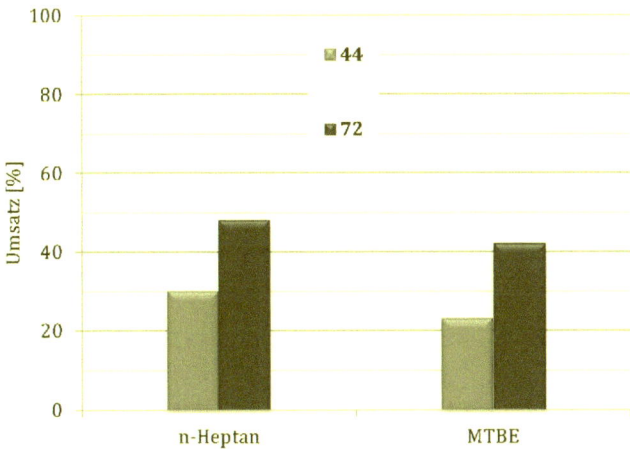

Abbildung 46. Vergleich der Acyldonoren **44** und **72** anhand der Reaktionsbedingungen

3.3.5.3 Substratbreite

Neben dem Austausch der Acyldonoren wurde die Variation des Aminsubstrats untersucht wobei nachfolgend näher auf die enzymatische Racematspaltung von *p*-Bromphenylethylamin (**63**) mit Diethylmalonat (**72**) eingegangen wird.

3.3.5.3.1 Untersuchung der Reaktion

Für die Prozessoptimierung mit *p*-Bromphenylethylamin (*rac*-**63**) wurden unterschiedliche Substratkonzentrationen, Lösungsmittel und Enzymmengen herangezogen (Tabelle 11). Die Variation des Lösungsmittels wurde im Hinblick auf ein weiteres Enzymrecycling vorgenommen (siehe dazu Abschnitt 3.3.5.3.2). Ein einleitender Versuch mit **72** als Acyldonor (Eintrag 1) zeigte nach 4.5 Stunden einen Umsatz von 43% und einen *ee*-Wert für das Produkt (*R*)-**74** von 95%. Nach einer Verlängerung der Reaktion auf 19 Stunden konnte ein Umsatz von 52% erhalten werden (Eintrag 2). Zudem konnte gezeigt werden, dass dieses System in MTBE und ETBE nach 19 Stunden ebenfalls sehr gute Ergebnisse von fast 50% Umsatz und 96% *ee* bei einer Substratkonzentration von 1.0 M und einer Enzymbeladung von lediglich 10 mg/mmol lieferte (Eintrag 4 und 5). Weitere Versuche mit ETBE als Lösungsmittel zeigten, dass bereits nach 6 Stunden und einer Erhöhung der Menge an Biokatalysator auf 40 mg/mmol ein vergleichbarer Umsatz von 48% erzielt werden konnte (Eintrag 9). Der *ee*-Wert von 98% bestätigte erneut die enorme Selektivität der Reaktion. Auch mit Enzymkonzentrationen von 20 und 30 mg/mmol wurden bereits sehr gute Ergebnisse von 45% bzw. 47% Umsatz erhalten (Eintrag 7 und 8).

Tabelle 11. Untersuchung der enzymatischen Racematspaltung von *rac*-63

[Reaktionsschema: *rac*-63 (0.1–1.0 M) + 72 (1.0 Äq., EtO-CO-CH₂-CO-OEt) → CAL-B, Solvens, 60 °C, t → (R)-74 + (S)-63]

Eintrag	Amin 63 [M]	Solvens	CAL-B [mg/mmol]	t [h]	Umsatz[a] [%]	ee_P[b] [%]	ee_S[b] [%]	E(C,P)[c]
1	0.1	*n*-Heptan	10	4.5	43	95	72	83
2	0.1	*n*-Heptan	10	19	52	95	97	164
3	0.5	*n*-Heptan	10	4.5	40	n.b.	n.b.	n.b.
4	1.0	MTBE	10	19	47	96	85	133
5	1.0	ETBE	10	19	48	n.b.	n.b.	n.b.
6	1.0	ETBE	10	6	40	97	65	128
7	1.0	ETBE	20	6	45	>80*	>65	>17
8	1.0	ETBE	30	6	47	>83*	>74	>23
9	1.0	ETBE	40	6	48	98	90	>200

a) berechnet aus ¹H-NMR-Spektrum; b) berechnet aus HPLC-Spektrum; c) berechnet aus Umsatz und ee-Wert des Produkts.
* HPLC-Auswertung nicht eindeutig durch Dimerbildung (84) während der Lagerung, n.b. nicht bestimmt.

Für das Produkt (*R*)-**74** konnten allerdings nicht alle Enantiomerenüberschüsse bestimmt werden, da mit Lagerung des (Roh-)Produkts ein weißer Feststoff ausfiel, der als entsprechendes Dimer **84** verifiziert werden konnte (Abbildung 47). Bei eingehender HPLC-Untersuchung wurde festgestellt, dass das gebildete Diamid **84** zu etwa derselben Zeit detektiert wird, wie das (*S*)-Enantiomer des Monomers (*S*)-**74**. Da die Peaks der beiden Produkte **74** und **84** nicht komplett voneinander getrennt werden konnten, wurde mittels der HPLC-Analytik lediglich ein Minimum für den *ee*-Wert bestimmt. Anhand der Integralflächen kann ausgeschlossen werden, dass die Werte kleiner als 80% *ee* (für Eintrag 7) bzw. 83% *ee* (für Eintrag 8) sind. Somit kann für den *ee*-Werte des Substrats (*S*)-**63** bzw. den E-Wert der Reaktion auch nur ein Mindestwert angegeben werden. Aufgrund der bisherigen Ergebnisse zur Racematspaltung mit CAL-B wurde davon ausgegangen, dass die nicht eindeutigen Werte für das Produkt (*R*)-**74** ebenfalls im oberen Bereich von 95% *ee* und höher festgelegt werden können, womit auch die Enantiomerenrate einen Wert um E = 100 annimmt.

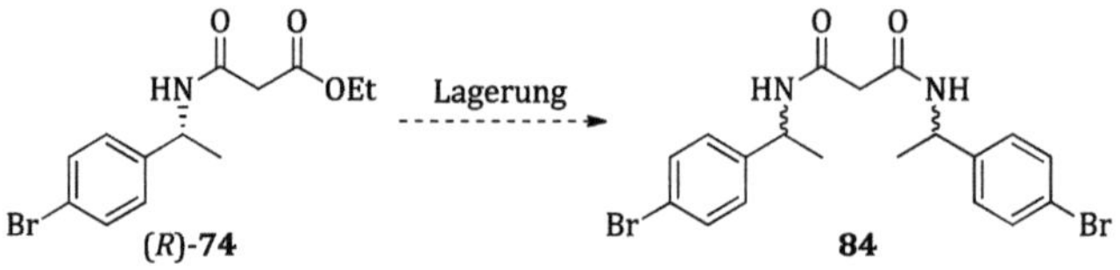

Abbildung 47. Dimerbildung (**84**)

Der Vergleich der ¹H-NMR-Spektren von Rohprodukt und länger gelagertem Produkt zeigte, dass die Bildung des Diamids **84** erst mit der Lagerung einsetzt. Eine aussagekräftige HPLC-Analytik kann demzufolge nur in direktem Anschluss zur enzymatischen Reaktion und deren Aufarbeitung stattfinden.

3.3.5.3.2 Enzymrecycling

Die Rückgewinnung und Wiederverwendung des Enzyms wurde im Folgenden anhand der enzymatischen Racematspaltung von *p*-Bromphenylethylamin (*rac*-**63**) mit Diethylmalonat (**72**) durchgeführt (Tabelle 12). Im Gegensatz zu den Versuchen mit dem Standardsubstrat *rac*-**2** und Ethylacetat (**3**) als Acylierungsreagenz (vgl. Abschnitt 3.3.3.5) konnte in diesem Fall der Enzymabrieb durch kontinuierliches Rühren bei lediglich 250 rpm minimiert werden. Vorherige Versuche wurden mit einer Rührgeschwindigkeit von 500 – 1000 rpm durchgeführt. Eine Pulverisierung des immobilisierten Enzyms trat erst mit Versuch 7 des Recyclings auf.

Die Reaktionsbedingungen wurden entsprechend Tabelle 11, Eintrag 4 gewählt. Aufgrund des Siedepunkts von MTBE (55°C) wurde unter Rückflusskühlung gearbeitet.

Tabelle 12. Enzymrecycling

10 ml-Maßstab, 100 mg Enzym zu Beginn

rac-**63** + **72** → (R)-**74** + (S)-**63**
Recycling CAL-B (10 mg/mmol), MTBE, 60 °C, 19 h
rac-**63** 1.0 M; **72** 1.0 Äq.

Zyklus	CAL-B [mg/mmol]	Enzymverlust [%]	Umsatz [%]
1	10.0	-	50
2	9.8	2	50
3	9.3	7	47
4	8.2	18	44
5	7.7	23	38
6	5.3	47	34
7	4.4	56	28
8	3.1	69	31

a) Berechnet aus 1H-NMR-Spektrum

Der Rückgang des Umsatzes kann unter anderem durch die auftretende Aktivitätsabnahme des Enzyms erklärt werden. Allerdings ist auch zu beachten, dass während der Rückgewinnung des Enzyms ein Verlust durch Ein- und Auswaage auftrat. Dieser wurde im Vergleich zu dem in Abschnitt 3.3.3.5 beschriebenen Enzymrecycling für die Berechnung der Reaktionskonstanten an dieser Stelle nicht berücksichtigt. Die Menge an CAL-B lag im achten Versuch bei lediglich 31% der ursprünglich eingesetzten Enzymmenge (Zyklus 8). Somit beträgt die tatsächliche Menge an Lipase anstatt 0.2 mg/mmol (Zyklus 1) nur noch 0.06 mg/mmol (Zyklus 8). Dies hat einen wesentlich höheren Einfluss auf den Umsatz als die Aktivität des Enzyms. Daher wurde im Anschluss das

Reaktionsvolumen vergrößert, um den auf die Gesamtmasse bezogenen Enzymverlust prozentual zu minimieren (siehe Abschnitt 3.3.5.3.3).

Die *ee*-Werte konnten aufgrund der nachträglichen Dimerbildung (**84**) weitestgehend nicht gemessen werden, da zwischen Aufarbeitung und chiraler HPLC-Analytik eine zu lange Lagerzeit entstand. Ein exemplarischer Wert lag bei 98% *ee* für das Produkt (*R*)-**74** (Eintrag 3), was mit einem Umsatz von 47% einer Enantioselektivität von E >200 entsprach. Das Recycling ist graphisch in Abbildung 48 dargestellt. Die Fehlerbalken zeigen die prozentuale Abweichung bei Einwaage des Enzyms, sowie den Genauigkeitsgrad bei der Umsatzbestimmung durch ^{1}H-NMR-Auswertung.

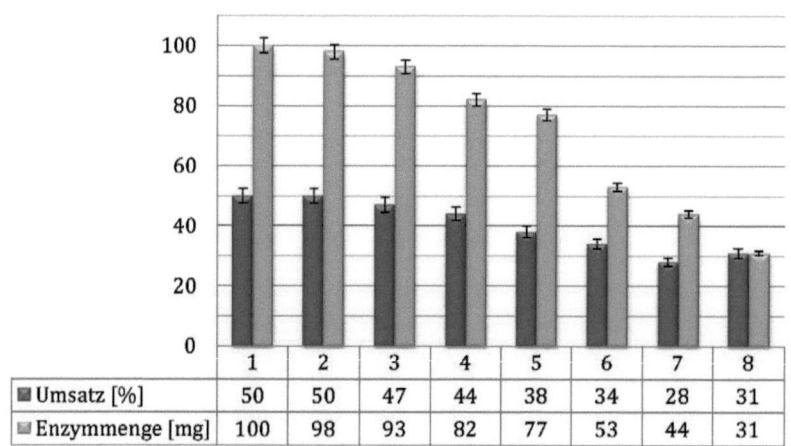

Abbildung 48. Enzymrecycling (vgl. Tabelle 12)

Für diese Versuche wurde MTBE im Hinblick auf ein kontinuierliches Recyclingsystem ausgewählt. Dabei sollte CAL-B in einer Leersäule innerhalb eines Pumpkreislaufs für die angegebene Reaktionszeit mit der entsprechenden Reaktionslösung reagieren. Dieses System sollte im Gegensatz zum magnetischen Rühren die mechanische Belastung und somit den Enzymabrieb möglichst komplett verhindern. Aufgrund technischer Schwierigkeiten und aus zeitlichen Gründen konnte der sogenannte Kontiprozess allerdings nicht realisiert werden.

3.3.5.3.3 Scale-Up des Enzymrecyclings

Der Enzymverlust, der bei vorangehender Rückgewinnung der CAL-B beobachtet wurde, konnte durch eine Erhöhung des Maßstabes um das Sechsfache (auf 60 ml) deutlich reduziert werden (Tabelle 13).

Tabelle 13. Scale-Up Enzymrecycling
60 ml-Maßstab, 600 mg Enzym zu Beginn

Zyklus	CAL-B [mg/mmol]	Enzymverlust [%]	Umsatz [%]	ee_P [%]	ee_S [%]	E(C,P)
1	10.0	-	48	97	90	>200
2	10.0	0	47	n.b.	n.b.	n.b.
3	10.0	0	45	95	78	92
4	9.8	2	44	94	74	71
5	9.7	3	43	n.b.	n.b.	n.b.

a) berechnet aus 1H-NMR-Spektrum, b) berechnet aus HPLC-Spektrum, c) berechnet aus Umsatz und ee-Wert des Produkts, n.b. nicht bestimmt aufgrund der Dimerbildung (84).

Hierfür wurden zu Beginn des Verfahrens 600 mg Enzym eingesetzt (Zyklus 1), wovon für Zyklus 5 noch 580 mg erhalten waren. Dies entsprach einem Verlust von lediglich 3% CAL-B. In den Vergleichsversuchen (10 ml, Tabelle 12) lag die Enzymabnahme im fünften Durchgang bereits bei 23%. Für den kleineren

Maßstab lag der Umsatz nach fünf Zyklen bei 38%, wohingegen im größeren Maßstab der Umsatz noch 43% betrug.

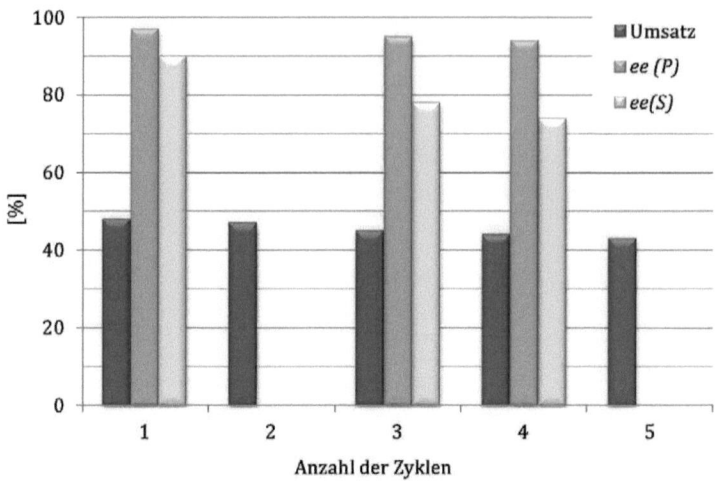

Abbildung 49. Scale-Up Enzymrecycling (vgl. Tabelle 13)

Für Zyklus 2 und 5 konnte keine HPLC-Analytik durchgeführt werden (Abbildung 49), da beide Produkte nach längerer Lagerzeit bereits das Diamid **84** gebildet hatten. Die Messung für alle weiteren Versuche konnte rechtzeitig erfolgen. Anhand der Selektivitätskurve (Abbildung 50), berechnet aus den Ergebnissen von Zyklus 1, kann allerdings angenommen werden, dass auch die ausstehenden Enantiomerenüberschüsse bei einem Wert von etwa 95% *ee* liegen.

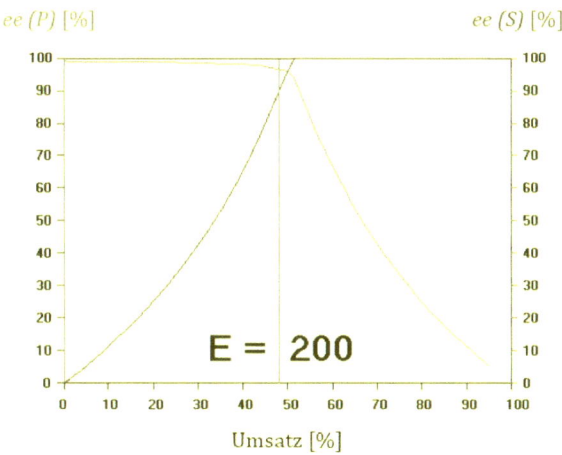

Abbildung 50. Selektivitätsbestimmung (Tabelle 13, Zyklus 1)

3.3.6 Anwendungsbreite

Um die Anwendungsbreite der enzymatischen Racematspaltung noch genauer zu untersuchen, wurden im Folgenden sowohl weitere aromatische Amine als auch ein β-Aminosäureester als Substrat mit den bereits beschriebenen Acyldonoren getestet.

3.3.6.1 *p*-Bromphenylethylamin (*rac*-63) als Substrat

Das Brom-substituierte Amin *rac*-**63** wurde als Substrat mit Ethylacetat (**3**) und CAL-B unter verschiedenen Reaktionsbedingungen zu (*R*)-**66** umgesetzt. Die Konzentration von 0.1 M wurde bei allen Reaktionen konstant gehalten, wobei Enzymbeladung und Reaktionszeit variiert wurden (Tabelle 14).

Tabelle 14. Enzymatische Racematspaltung mit *rac*-63

rac-63 (0.1 M) + 3 (1.0 Äq. OEt) → (CAL-B, n-Heptan, 80°C, t) → (R)-66 + (S)-63

Eintrag	CAL-B [mg/mmol]	t [h]	Umsatz[a] [%]	Ausbeute [%]	ee_P[b] [%]	ee_S[c] [%]	E(C,P)[c]
1	150	4.5	50	33	>99	99	>200
2	100	4.5	55	13	81	98	42
3	100	3	50	30	>99	99	>200
4	100	2	40	37	98	65	195

a) berechnet aus ¹H-NMR-Spektrum, b) berechnet aus HPLC-Spektrum, c) berechnet aus Umsatz und *ee*-Wert des Produkts.

Es wurden unterschiedliche Enzymchargen für 150 mg/mmol und 100 mg/mmol eingesetzt, weshalb die Ergebnisse nicht für einen Vergleich herangezogen werden konnten (Eintrag 1 und 2). Die Reaktionsrate war auch für dieses System sehr hoch, da bereits nach 2 Stunden ein Umsatz von 40% erreicht werden konnte (Eintrag 4). Die Enantiomerenüberschüsse waren wie zu erwarten – abgesehen von Eintrag 2 mit erhöhtem Umsatz von 55% – sehr gut (≥98% *ee*). Die geringen Ausbeuten für die ersten Versuche (Eintrag 1 – 3) sind auf Fehler bei der Aufarbeitung zurückzuführen. Mit dem Versuch entsprechend Eintrag 4 konnte die Produktisolierung allerdings optimiert werden. Der E-Wert von 42 für Eintrag 2 ist deutlich niedriger als die restlichen Werte, was auf den relativ niedrigen *ee*-Wert von 81% für (*R*)-**66** zurückgeführt werden kann. Dieser sollte in Anlehnung an die Selektivitätskurve (Abbildung 51, berechnet aus Tabelle 14, Eintrag 4) bei 85% *ee* liegen, um einen Wert von E = 195 zu erhalten.

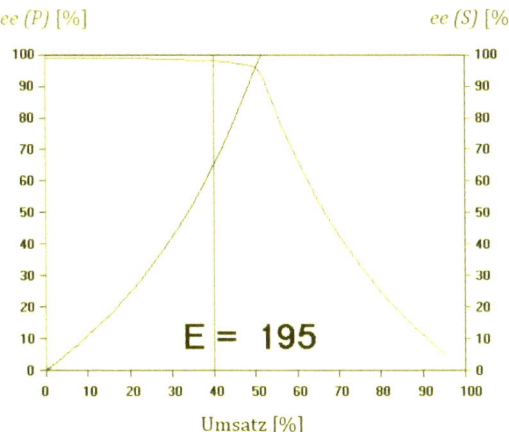

Abbildung 51. Selektivitätsbestimmung (Tabelle 14, Eintrag 4)

3.3.6.2 *p*-Methylphenylamin (*rac*-85) als Substrat

Die biokatalytische Umsetzung von *rac*-**85** lieferte unter Standard-Bedingungen einen sehr guten Umsatz von 48% mit 99% *ee* für das Produkt (*R*)-**86**, was einer Enantioselektivität von E >200 entspricht (Abbildung 52). Die Reaktion ohne Zugabe von CAL-B zeigte keinen Umsatz, womit Hintergrundreaktionen ausgeschlossen werden konnten.

rac-**85** 0.1 M | **3** 1.0 Äq. | E >200 | (*R*)-**86** 48% Umsatz 99% *ee* | (*S*)-**85**

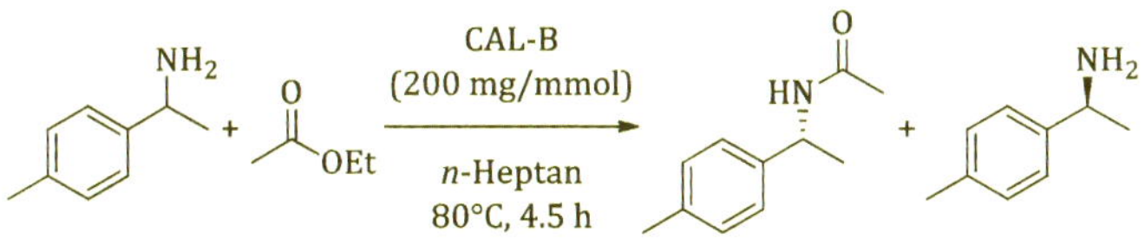

Abbildung 52. Enzymatische Racematspaltung von *rac*-**85**

3.3.6.3 1-Phenylpropylamin (*rac*-68) als Substrat

Die enzymkatalysierte Reaktion von 1-Phenylpropylamin (*rac*-**68**) zum entsprechenden Amid (*R*)-**87** lieferte mit Standardbedingungen lediglich einen Umsatz von 28% (Abbildung 53), ein *ee*-Wert konnte nicht ermittelt werden, da anhand der chiralen HPLC-Analytik eine Trennung der Enantiomerenpeaks nicht möglich war. Im Vergleich dazu ergab die Reaktion mit 1-Phenylethylamin (*rac*-**2**) unter denselben Bedingungen bereits einen Umsatz von 50% (99% *ee*, (*R*)-**5**). Somit hatte die um ein C-Atom längere Alkylkette einen negativen Effekt auf die Reaktion.

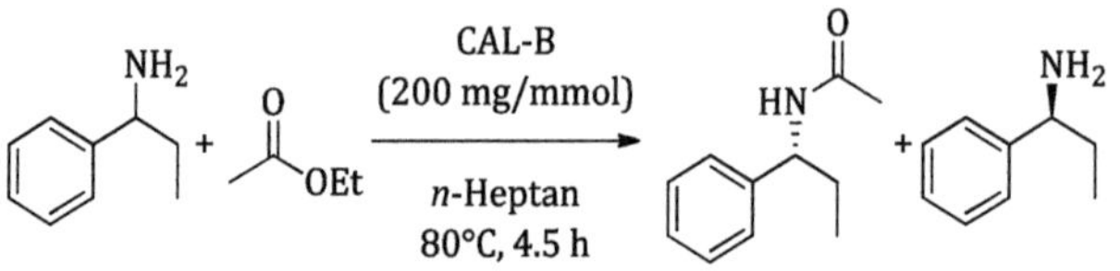

rac-**68** 0.1 M | **3** 1.0 Äq. | (*R*)-**87** 28% Umsatz | (*S*)-**68**

Abbildung 53. Enzymatische Racematspaltung (I) von *rac*-**68**

Des Weiteren konnte *rac*-**68** mit dem Sulfonyldonor **69** umgesetzt werden (Abbildung 54). Der Umsatz von 21% nach 20.5 Stunden war ebenfalls geringer als der Vergleichsversuch mit *rac*-**2** (35% Umsatz, 92% *ee*, vgl. Abschnitt 3.3.4.1) unter denselben Bedingungen. Auch der *ee*-Wert von (*R*)-**71** lag lediglich bei 58%, was einer Enantioselektivität von E <5 entspricht.

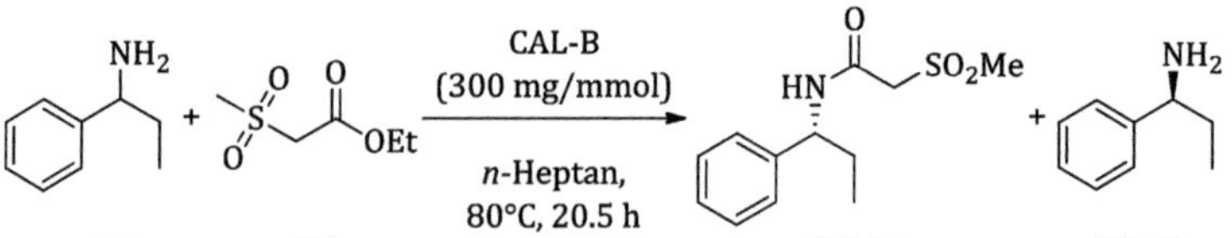

rac-**68** 0.1 M | **69** 1.0 Äq. | (*R*)-**71** 21% Umsatz 58% *ee* | (*S*)-**68**

Abbildung 54. Enzymatische Racematspaltung (II) von *rac*-**68**

Für die dargestellten Versuche konnten auch hier Hintergrundreaktionen ausgeschlossen werden, da kein Umsatz ohne Enzymzugabe beobachtet wurde.

3.3.6.4 3-Aminobutansäureethylester (*rac*-**75**) als Substrat

Als weiteres Substrat für die biokatalytische Racematspaltung wurde der β-Aminosäureester *rac*-**75** unter Einsatz verschiedener Acyldonoren (**3**, **72** und **79**) untersucht (Abbildung 55). Zunächst wurden die Reaktionsbedingungen wie Solvens, Reaktionszeit und Temperatur mit **3** optimiert, um dann weitere Acyldonoren zu testen.

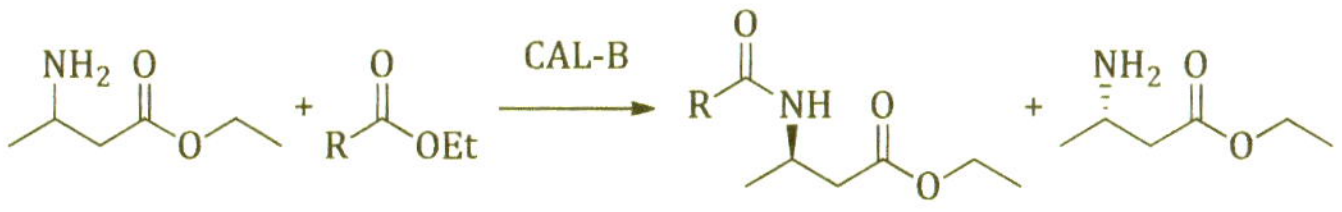

rac-**75** 0.1 M | Donor 1.0 Äq. | (*R*)-Amid | (*S*)-**75**

Produktspektrum

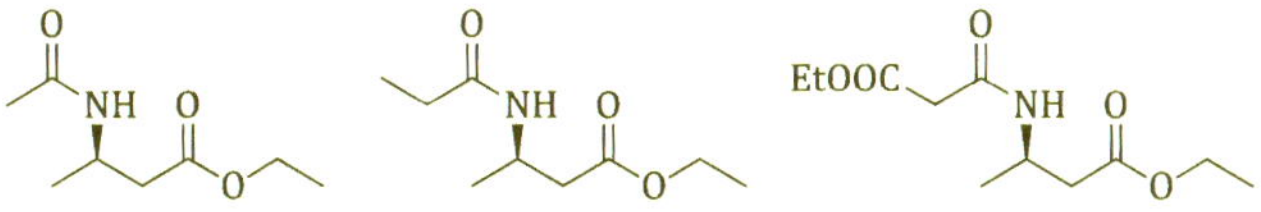

(*R*)-**76** | (*R*)-**77** | (*R*)-**88**

Abbildung 55. Allgemeines Reaktionsschema mit Produktspektrum

3.3.6.4.1 Optimierung der Reaktion

Um die Acylierung des Aminosäurederivats *rac*-**75** zu optimieren, wurden verschiedene Reaktionsparameter variiert (Tabelle 15). Die Bedingungen der Standardreaktion (vgl. Abschnitt 3.3.2) wurden zunächst auf das System mit dem β-Aminoester *rac*-**75** und Ethylacetat (**3**) übertragen (Eintrag 1). Zudem wurde bei verschiedenen Temperaturen (RT und 80°C) und nach unterschiedlichen Reaktionszeiten der Einfluss des verwendeten Acyldonors **3** untersucht. Der Einsatz von Ethylacetat (**3**) erfolgte einerseits als Solvens (im

Überschuss) und andererseits nur mit einem Äquivalent, wobei n-Heptan als Solvens diente.

Tabelle 15. Untersuchung der Reaktion

rac-**75** + **3** (OEt) →[CAL-B (200 mg/mmol), Solvens, T, t] (R)-**76** + (S)-**75**
0.1 M

Eintrag	Acyldonor 3 Äq.	Solvens	CAL-B [mg/mmol]	t [h]	T [°C]	Umsatz[a] [%]	ee_P[b] [%]	ee_S[c] [%]	E(C,P)[c]
1	1.0	n-Heptan	200	4.5	80	46	76	65	14
2	100	EtOAc	200	4.5	80	63	57	95	12
3	1.0	n-Heptan	200	15	RT	34	90	46	30
4	100	EtOAc	200	15.5	RT	48	86	79	32
5	1.0	n-Heptan	---	18	RT	0	-	-	-
6	100	EtOAc	---	18	RT	0	-	-	-
7	---	n-Heptan	200	4.5	80	47[d]	n.b.	n.b.	n.b.

a) berechnet aus ¹H-NMR-Spektrum, b) berechnet aus HPLC-Spektrum, c) berechnet aus Umsatz und ee-Wert des Produkts, --- nicht zugegeben. d) Produkt (**89**) der intermolekularen Reaktion.

Die Standardreaktion lieferte für dieses System einen sehr guten Umsatz von 46%, allerdings lag der *ee*-Wert für (R)-**76** mit nur 76% deutlich niedriger als erwartet (Eintrag 1). Wurde im Vergleich dazu Ethylacetat (**3**) als Solvens und nicht nur äquimolar eingesetzt, wurde ein Umsatz von über 50% erzielt, was eine Verringerung des Enantiomerenüberschusses von (R)-**76** auf 57% *ee* zur Folge hatte (Eintrag 2).

Versuche bei Raumtemperatur konnten nur mit entsprechend langer Reaktionszeit (15 – 20 h) vergleichbare Ergebnisse erzielen, hierbei wurden 48% Umsatz und 86% *ee* mit einem Überschuss an Ethylacetat (**3**) erreicht (Eintrag 4). Allerdings war mit n-Heptan als Solvens der Enantiomeren-

Überschuss etwas besser (90% ee, Eintrag 3). Die Enantioselektivitäten der gezeigten Reaktionen lagen für dieses System zwischen E = 12 – 32. Hintergrundreaktionen konnten durch entsprechende Versuche ohne Enzymzugabe ausgeschlossen werden (Eintrag 5 und 6), da im ^{1}H-NMR-Spektrum keine Produktbildung beobachtet wurde. Des Weiteren konnte das erwartete Produkt **89** einer intermolekularen Reaktion (Abbildung 56) lediglich bei Abwesenheit von Ethylacetat (**3**) mit 47% Umsatz erhalten werden (Eintrag 7). Für die Versuche entsprechend Eintrag 1, 3 und 5 konnte die Bildung des Amids **89** ausgeschlossen werden.

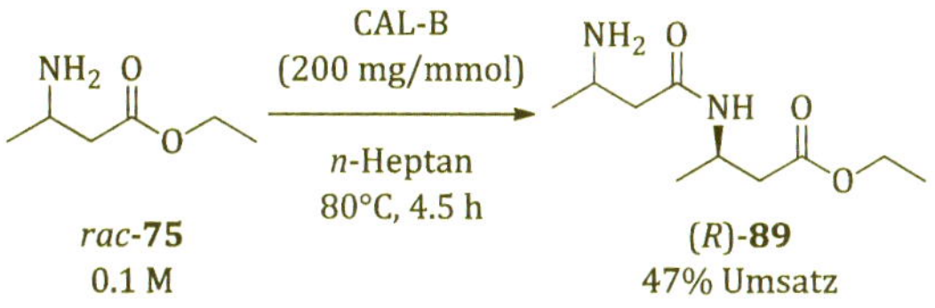

Abbildung 56. Intermolekulare Reaktion von *rac*-**75**

3.3.6.4.2 Variation der Acyldonoren

Neben Ethylacetat (**3**, vgl. Abschnitt 3.3.6.4.1) wurden außerdem Diethylmalonat (**72**) und Ethylpropionat (**79**) als Acylierungsreagenzien für die enzymatische Racematspaltung der β-Aminosäure *rac*-**75** herangezogen (Tabelle 16).

Tabelle 16. Variation der Acyldonoren

$$\text{rac-75} + \text{Acyldonor} \xrightarrow[\text{Solvens, 80°C, t}]{\text{CAL-B (200 mg/mmol)}} (R)\text{-Produkt} + (S)\text{-75}$$

rac-75   3 (R = Me)   (R)-76 (R = Me)
0.1 M   72 (R = CH$_2$COOEt)   (R)-88 (R = CH$_2$COOEt)
   79 (R = Et)   (R)-77 (R = Et)
   1.0 Äq.

Eintrag	Acyldonor	Produkt	t [h]	Umsatz[a] [%]	ee$_P$[b] [%]	ee$_S$[c] [%]	E(C,P)[c]
1	3	76	4.5	46	76	65	14
2	72	88	4.5	26	n.b.	n.b.	n.b.
3	79	77	4.5	59	65	95	16
4	79	77	3.3	55	80	96	34
5	79	77	2	40	88	59	28

a) berechnet aus ^{1}H-NMR-Spektrum, b) berechnet aus HPLC-Spektrum, c) berechnet aus Umsatz und ee-Wert des Produkts, n.b. nicht bestimmt.

Das für das aromatische Amin *rac-2* besser geeignete Diethylmalonat (**72**) schnitt für diese Reaktion mit *rac-75* im Vergleich zu Ethylacetat (**3**) schlechter ab. Der Umsatz lag mit **72** lediglich bei 26% (Eintrag 2) anstatt 46% bei Einsatz von **3** (Eintrag 1). Hingegen war Ethylpropionat (**79**) im Vergleich zu **3** und **72** der effektivere Acyldonor für das eingesetzte Substrat *rac-75*. Bereits nach zwei Stunden konnte mit **79** ein Umsatz von 40% erreicht werden. Dieser Versuch lieferte außerdem den besten Enantiomerenüberschuss mit 88% *ee* für (*R*)-**77** (Eintrag 5), was einem E-Wert von 28 entspricht. Das Produktspektrum ist in Abbildung 57 dargestellt.

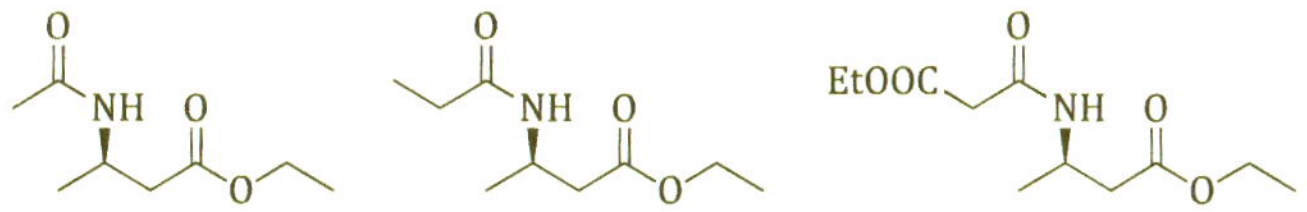

(R)-76
46% Umsatz
76% ee

(R)-77
40% Umsatz
88% ee

(R)-88
26% Umsatz

Abbildung 57. Produktspektrum der enzymatischen Racematspaltung

3.4 Zusammenfassung

Die enzymatische Racematspaltung von Aminen konnte eingehend anhand verschiedener Substrate, wie aromatischen Aminen und einem β-Aminoester, untersucht werden. Des Weiteren wurden für diese Reaktion unterschiedliche Acylierungsreagenzien in Form von Carbonsäureestern und freien Carbonsäuren eingesetzt. Als Biokatalysator wurde die immobilisierte Lipase B aus *Candida antarctica* (CAL-B, als Immobilisat: Novozym 435) herangezogen, die sich in der enzymatischen Acylierung von Aminen als hochselektiv erwies. Die *ee*-Werte der Produkte (R)-**5** lagen weitestgehend über 90%. Zudem konnten bei Umsätzen annähernd der optimalen 50% Enantioselektivitäten von E >200 erzielt werden.

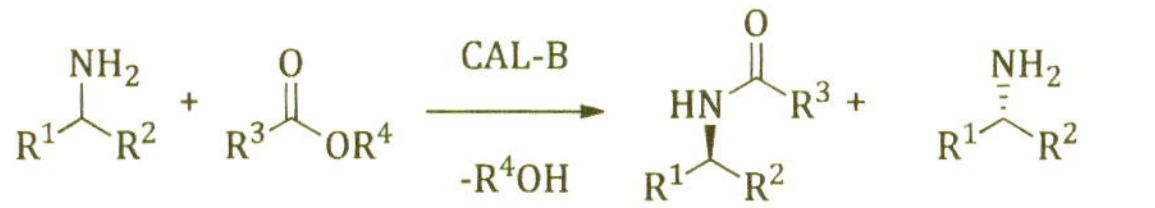

rac-Amin   Acyldonor   (R)-Amid   (S)-Enantiomer

Abbildung 58. Enzymatische Racematspaltung von Aminen (allgemein)

Trotz der teilweise sehr reaktiven Acyldonoren konnte in allen Fällen eine rein chemisch ablaufende Reaktion ausgeschlossen werden. Durch eine mögliche Hintergrundreaktion würde ansonsten die Enantiomerenreinheit der Produkte verringert werden.

Des Weiteren wurde anhand der eingesetzten Acyldonoren gezeigt, dass ein Heteroatom in β-Position, welches einen elektronenziehenden Effekt hervorruft, für bessere Reaktionsraten nicht unbedingt notwendig ist. Hingegen wurden mit dem Sulfonyldonor **69** weitaus schlechtere Ergebnisse erzielt, sowohl für den Umsatz als auch für die Enantioselektivität.

Durch eine Untersuchung der Reaktionskinetik mit Diethylmalonat (**72**) als Acyldonor konnte eine hervorragende Reaktionsgeschwindigkeit festgestellt werden. Der Umsatz lag bereits nach zehnminütiger Reaktion bei 41%, wobei 200 mg/mmol Enzym und eine Substratkonzentration von 100 mM eingesetzt wurden. Dementsprechend konnte mit Diethylmalonat (**72**) ein hervorragender Acyldonor für die enzymatische Racematspaltung herangezogen werden, der bereits literaturbekannte Acylierungsreagenzien, wie die Methoxyacetate **4** und **49**, übertrifft.[12] Ein quantitativer Umsatz von 1-Phenylethylamin (*rac*-**2**) war mit **4** unter Einsatz von CAL-B erst nach 15 Stunden erreicht.[13]

Weiterhin konnte die Enzymmenge von 200 mg/mmol auf 10 mg/mmol reduziert und die Rückgewinnung des Enzyms durch Recyclingexperimente etabliert werden. Ein Produktspektrum mit den jeweils besten Ergebnissen ist in Abbildung 59 dargestellt.

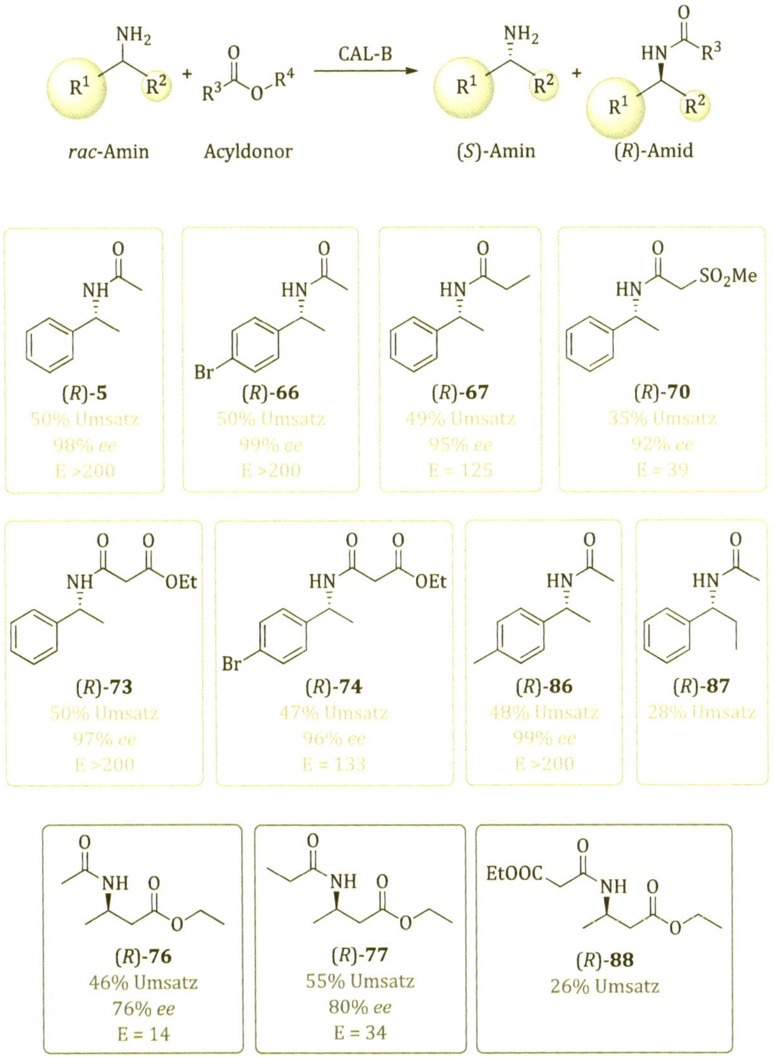

3 Enantioselektive Racematspaltung von Aminen

rac-Amin + Acyldonor →(CAL-B) (S)-Amin + (R)-Amid

(R)-5
50% Umsatz
98% ee
E >200

(R)-66
50% Umsatz
99% ee
E >200

(R)-67
49% Umsatz
95% ee
E = 125

(R)-70
35% Umsatz
92% ee
E = 39

(R)-73
50% Umsatz
97% ee
E >200

(R)-74
47% Umsatz
96% ee
E = 133

(R)-86
48% Umsatz
99% ee
E >200

(R)-87
28% Umsatz

(R)-76
46% Umsatz
76% ee
E = 14

(R)-77
55% Umsatz
80% ee
E = 34

(R)-88
26% Umsatz

Abbildung 59. Ausgewähltes Produktspektrum der enzymatischen Racematspaltung von Aminderivaten mit Carbonsäureestern als Acyldonoren

4 Enzymatische Aldolreaktion unter Einsatz von Aldolasen

4.1 Einleitung

Aldolasen gehören zur Gruppe der Lyasen und katalysieren sowohl die C-C-Bindungsknüpfung (Aldolreaktion) als auch die Rückreaktion (Retro-Aldolreaktion). Eine der wichtigsten Reaktionen der Aldolasen *in vivo* ist die Spaltung von Fructose-1,6-bisphosphat (FBP, **90**) zu Dihydroxyacetonphosphat (DHAP, **91**) und Glycerinaldehyd-3-phosphat (GAP, **92**) während der Glykolyse (Abbildung 60).[27]

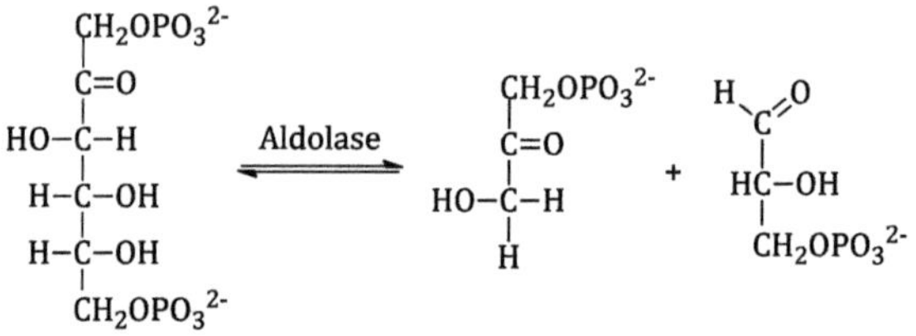

$$\underset{\substack{\text{FBP}\\\textbf{(90)}}}{\begin{array}{c}CH_2OPO_3^{2-}\\|\\C=O\\|\\HO-C-H\\|\\H-C-OH\\|\\H-C-OH\\|\\CH_2OPO_3^{2-}\end{array}} \xrightleftharpoons{\text{Aldolase}} \underset{\substack{\text{DHAP}\\\textbf{(91)}}}{\begin{array}{c}CH_2OPO_3^{2-}\\|\\C=O\\|\\HO-C-H\\|\\H\end{array}} + \underset{\substack{\text{GAP}\\\textbf{(92)}}}{\begin{array}{c}H\diagdown_{C}\diagup^O\\|\\HC-OH\\|\\CH_2OPO_3^{2-}\end{array}}$$

Abbildung 60. Einsatz der Aldolasen während der Glykolyse[27]

Aufgrund ihrer Möglichkeit, achirale Moleküle durch eine C-C-Bindungsbildung zu enantiomerenangereicherten Produkten umzuwandeln, zählen die Aldolasen zu einer der wichtigsten Enzymklassen für die bioorganische Synthese. Die Vorteile einer enzymatischen Reaktion gegenüber der klassisch chemischen Variante liegen in der meist hohen Chemo-, Enantio- und Regiospezifität der Biokatalysatoren. Zudem können die Reaktionen oft unter milden Bedingungen durchgeführt werden und die Anwendung von meist teuren Metallkatalysatoren entfällt.[71]

Aldolasen akzeptieren ein sehr breites Spektrum von Aldehyden als Akzeptormolekül. Aufgrund ihrer Abhängigkeit von der Art des Donors, können unterschiedliche Produktklassen wie β-Hydroxyaldehyde, Ketosäuren, Ketosephosphate und β-Hydroxy-α-aminosäuren synthetisiert werden (Abbildung 61). Die Einteilung der Aldolasen erfolgt nach der Akzeptanz der jeweiligen Donormoleküle. Dazu zählen Acetaldehyd (**93**), Pyruvat (**94**) bzw. Phosphoenolpyruvat (PEP), DHAP (**91**) und Glycin (**1**).[71,72,73]

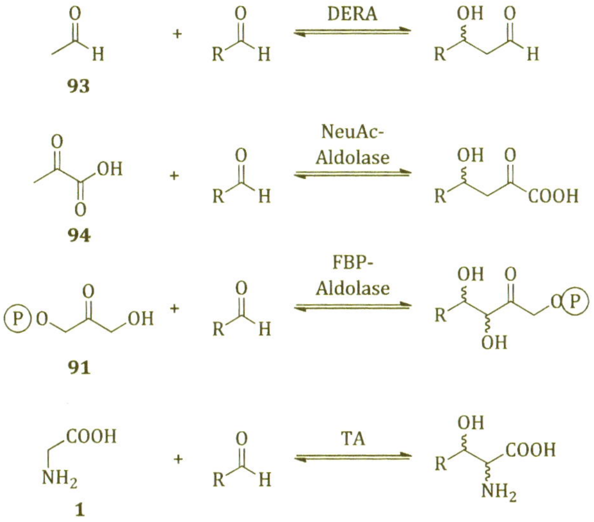

DERA: 2-Desoxy-D-ribose-5-phosphat-Aldolase, NeuAc: Neuraminsäure, FBP: Fructose-1,6-bisphosphat, TA: Threoninaldolase

Abbildung 61. Einteilung der Aldolasen nach deren Donorspezifität[71,74]

Threoninaldolasen (TA, E.C. 4.1.2.5) gehören zu den Glycin-abhängigen Aldolasen und katalysieren die Spaltung sowie die Synthese von β-Hydroxy-α-aminosäuren. Sie benötigen Pyridoxal-5-phosphat (PLP) als Cofaktor zur Katalyse. Dieser bildet mit einem Lysinrest des aktiven Zentrums der TA zunächst eine interne Schiff'sche Base. Während des Katabolismus oder Metabolismus reagiert der Cofaktor mit der Aminkomponente des Substrats und es entsteht ein externes Aldimin (Abbildung 62).[75,76]

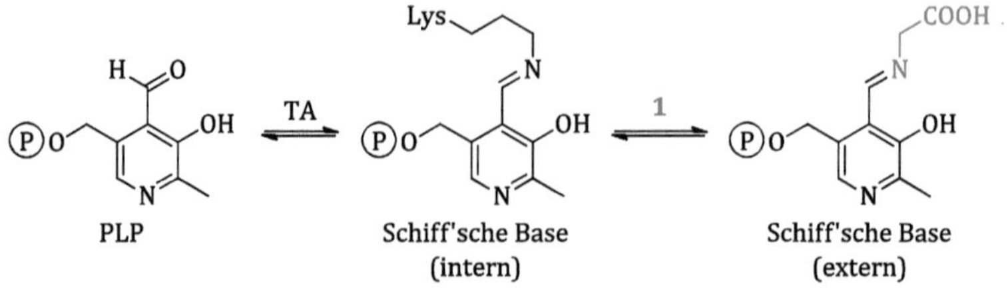

Abbildung 62. Bildung der Schiff'schen Basen zwischen Donormolekül Glycin (**1**) und dem Cofaktor PLP[76]

TAs können darüber hinaus nach ihrer Spezifität der Spaltung von Threonin eingeteilt werden. L-TAs setzten L-*threo*-Threonin um, wohingegen für die Spaltung der *erythro*-Form sogenannte L-*allo*-TAs eingesetzt werden. Die L-*low specificity*-TA kann beide Substrate umwandeln (Abbildung 63). Eine dementsprechende Unterscheidung gilt für D-spezifische Threoninaldolasen (D-TAs), allerdings wurden bisher nur *low specificity*-Varianten beschrieben.[77]

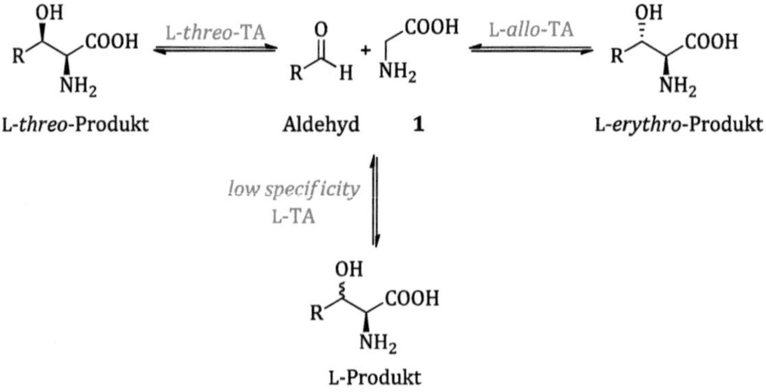

Abbildung 63. Einteilung der L-Threoninaldolasen

4.2 Stand der Wissenschaft: Synthesen von β-Hydroxy-α-aminosäuren

Optisch reine β-Hydroxy-α-aminosäuren und deren Derivate stellen wichtige Bausteine in der organischen Synthese dar und sind vor allem für die pharmazeutische Industrie von Interesse. Die verschiedenen Möglichkeiten zur Herstellung dieser Intermediate wurde bereits eingehend beschrieben: Neben Aminohydroxylierung von Alkenen,[78,79] dynamisch-kinetischer Racematspaltung (DKR),[78] Wittig-Umlagerung,[80] asymmetrischer Strecker-Synthese[81] und Aldolkondensation[78,82,83] stellt die biokatalytische Variante unter Verwendung von Threoninaldolasen (TAs) eine Alternative dar.[84] Einige der Synthesestrategien sollen im Folgenden näher beschrieben werden.

4.2.1 Klassisch chemische Synthesen

Die Kombination von dynamisch-kinetischer Racematspaltung (DKR) und Metall-katalysierter Hydrierung stellt eine attraktive Möglichkeit für eine höchst stereoselektive Synthese dar. Abbildung 64 zeigt die Umsetzung des α-Amino-β-ketoesters *rac*-**96** mit Hilfe eines Synphos®-Liganden (**95**) und Ruthenium(II) zur *threo*-Verbindung **97** mit sehr guten Enantio- und Diastereoselektivitäten (99% *de*, 97% *ee*) und einer Ausbeute von 92%.[78,85] Die *erythro*-Verbindung kann erhalten werden, wenn anstatt des Amids *rac*-**96** das entsprechende Amin-Hydrochlorid eingesetzt wird.[85] Aufgrund des chiralen Katalysators ist es möglich, lediglich eine Ketogruppe des Substrats **96** selektiv zu reduzieren.

Ein ähnliches Verfahren beschreibt die Ruthenium-katalysierte Transferhydrierung *via* DKR. Dazu werden leicht zugängliche Diamin-Derivate als Liganden zur Synthese von DOPA-Mimetika eingesetzt. Anstatt molekularem Wasserstoff wird hier Ameisensäure zur Reduktion der Ketogruppe verwendet. Die Umsätze liegen zwischen 50% und 100%.[78,86]

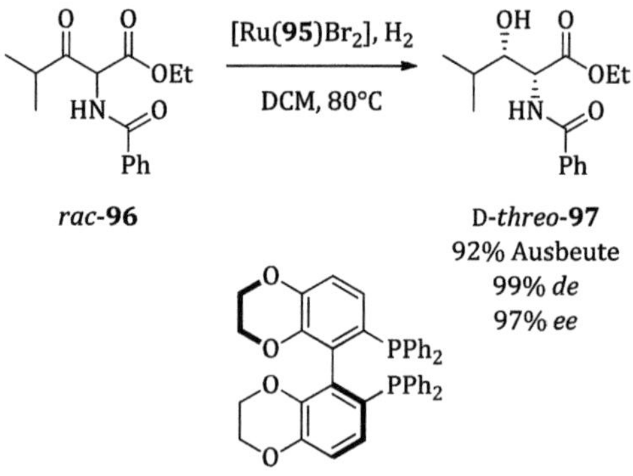

```
        O   O                        OH  O
        ‖   ‖      [Ru(95)Br₂], H₂       ‖
         ̄ ̄ ̄ OEt   ─────────────→    ̄ ̄ ̄ OEt
      HN    O        DCM, 80°C      HN   O
         ̄ ̄                             ̄ ̄
         Ph                            Ph
        rac-96                      D-threo-97
                                   92% Ausbeute
                                     99% de
                                     97% ee
```

(Strukturformel von (S)-95 mit zwei Benzodioxan-Einheiten und PPh₂-Gruppen)

(S)-95

Abbildung 64. Kombination von DKR und Metall-katalysierter Hydrierung[78,85]

Ein weiteres Konzept für die Synthese von β-Hydroxy-α-aminosäuren ist die Aminohydroxylierung von Alkenen unter Verwendung von Ferrocen-substituierten Cinchona-Alkaloiden (wie **98**) als Liganden und Osmium(VIII) als Metallkomponente.[78,87] Bemerkenswert bei dieser Reaktion ist, dass je nach Ligand die Regioselektivität beeinflusst wird und somit nicht nur β-Hydroxy-α-aminosäurederivate sondern auch N-acylierte β-Amino-α-hydroxyester (**101**) synthetisiert werden können. Unter den entsprechenden Bedingungen kann der Zimtsäureester **99** zu 95% umgesetzt werden, wobei hauptsächlich das Regioisomer **100** mit 61% ee gebildet wird (Abbildung 65). Die Regioselektivität kann ebenfalls durch die Wahl des eingesetzten Chloramins **102** gesteuert werden; der Austausch der Cbz-Schutzgruppe durch einen Tosylrest beispielsweise liefert **101** im Überschuss (1:5, **100/101**).[78]

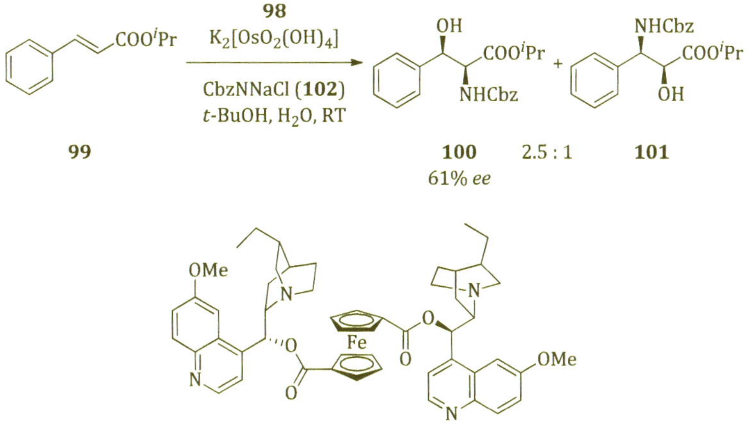

Abbildung 65. Asymmetrische Aminohydroxylierung[78,87]

Weitere Cinchona-Alkaloide finden als Phasentransfer-Katalysatoren Anwendung bei der diastereo- und enantioselektiven Aldolreaktion von Iminoestern mit Aldehyden.[78,82] Abbildung 66 zeigt die Synthese der Zielverbindung **107** (59% Ausbeute) via **106** ausgehend von Hydrozimtaldehyd (**104**) und aktiviertem Glycinester **105**. Die Durchführung erfolgte allerdings nicht diastereoselektiv (d.r. (threo/erythro) = 50:50).[88] Mit dem Einsatz weiterer aromatischer und aliphatischer Aldehyde und Katalysatoren kann die Diastereoselektivität gesteigert werden.[83,88]

Die Aldolreaktion mit Iminoestern wie **105** kann außerdem durch N-Spiroverbindungen vom Typ **108** (Abbildung 67) katalysiert werden. Diese quartären Ammoniumsalze gewährleisten eine hohe stereoselektive Kontrolle, wodurch hauptsächlich das L-erythro-Aldolprodukt **107** (d.r. (threo/erythro) = 8:92) gebildet wird.[89]

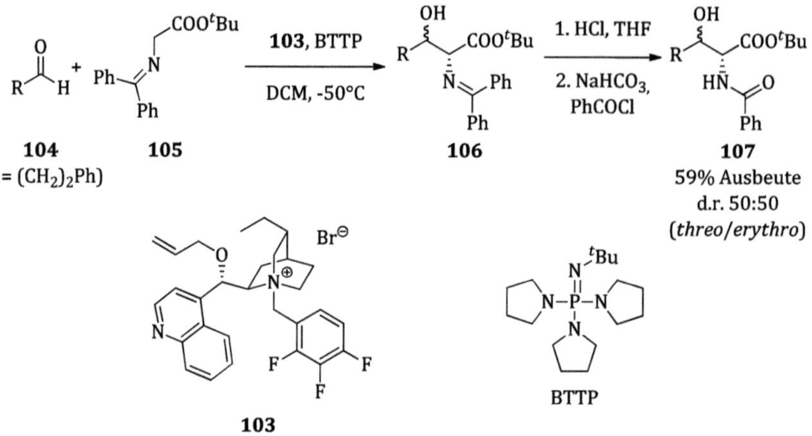

Abbildung 66. Asymmetrische Aldolreaktion mit Cincholin-Katalysator **103**[88]

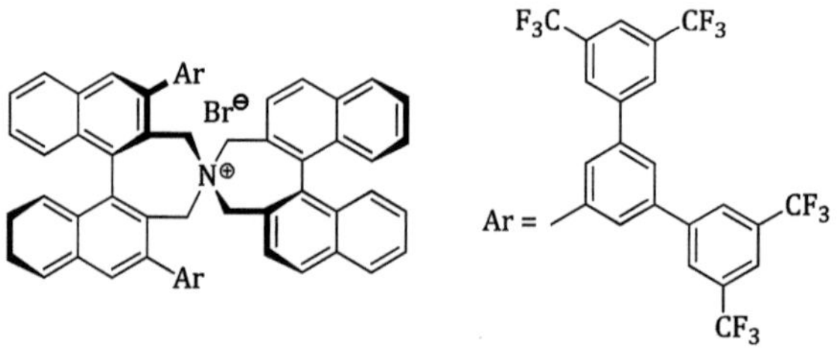

Abbildung 67. Katalysator **108**[89]

Eine der ersten enantioselektiven Aldolreaktionen wurde bereits 1986 beschrieben (Abbildung 68).[90] Dazu wird **111** als aktivierte Donorkomponente eingesetzt. Die Umsetzung des entstehenden *trans*-Oxazolins **112** durch eine anschließende saure Ringöffnung liefert die korrespondierende β-Hydroxy-α-aminosäure L-*threo*-**113** mit 79% Gesamtausbeute. Als Liganden für diese Übergangsmetall-katalysierten Reaktionen eignen sich vor allem chirale Ferrocene wie **109**, wobei anstatt der Diethylamingruppe auch Piperidin als Substituent verwendet werden kann.[78]

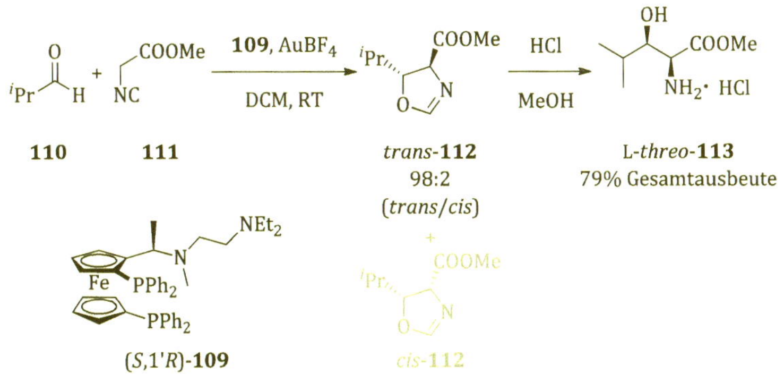

Abbildung 68. Asymmetrische Aldolreaktion mit aktiviertem Glycin **111**[90]

Die Synthesemöglichkeiten von β-Hydroxy-α-aminosäuren sind vielfältig, allerdings gilt es die teilweise geringen Diastereo- und Enantioselektivitäten, sowie die Produktausbeuten zu verbessern. Des Weiteren ist entweder die Einführung von Schutzgruppen für die Substrate der dargestellten Synthesekonzepte oder eine Aktivierung des nucleophilen Donors erforderlich. Auch der Einsatz von Übergangsmetall-Katalysatoren ist teilweise teuer, giftig und nicht nachhaltig.

4.2.2 Enzym-katalysierte Synthesen

Die enzymatische Synthese mit Threoninaldolasen (TAs) zeigt gegenüber der klassisch chemischen Variante einige Vorteile auf. Die gewünschten β-Hydroxy-α-aminosäuren werden direkt und unter milden Reaktionsbedingungen aus Aldehyden und Glycin (**1**) als Donorsubstrat gewonnen, die Einführung von Schutzgruppen ist hierbei nicht notwendig. Außerdem akzeptieren TAs ein sehr breites Substratspektrum von aliphatischen und aromatischen Aldehyden.[91,92,93] Die Aktivierung des Glycins (**1**) erfolgt durch Pyridoxal-5-phosphat (PLP), den Cofaktor der TAs, der mit dem Donormolekül **1** zur korrespondierenden Schiff'schen Base reagiert (siehe auch Abbildung 62). Die Bildung des α-Stereozentrums des Aldolprodukts findet hochselektiv statt.

Diastereomerengemische werden aufgrund der geringeren Selektivität für die β-Position erhalten. Die Konfiguration der beiden Stereozentren ist abhängig von der kinetischen Selektivität des Enzyms und dem thermodynamischen Gleichgewicht der Reaktion.[84,94]

Eine Alternative zur Darstellung von β-Hydroxy-α-aminosäuren ist die Retro-Aldolreaktion – ausgehend von chemisch synthetisierten racemischen Substraten. Dabei erfolgt die Umwandlung eines Enantiomers zu Glycin (**1**) und Aldehyd, wobei das verbleibende Enantiomer aufgrund der Spezifität der eingesetzten Threoninaldolase diastereo- und enantiomerenrein erhalten bleibt. Die Spaltprodukte können anschließend zurückgewonnen und für weitere Racematsynthesen eingesetzt werden (Abbildung 69).[84]

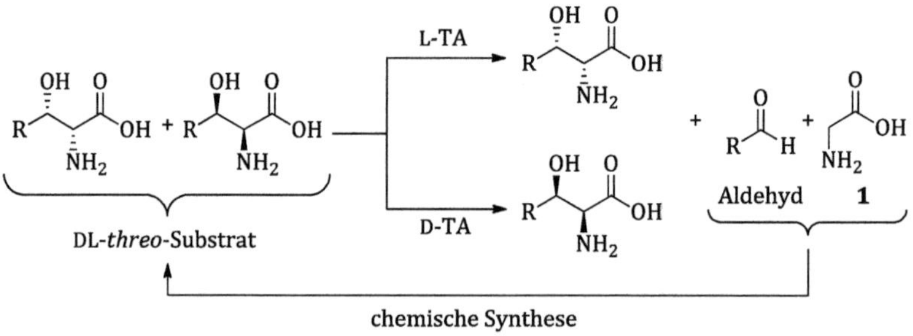

Abbildung 69. Enzymatische Racematspaltung am Beispiel D- bzw. L-spezifischer Threoninaldolasen[84]

Die Synthese von optisch reinem L-*threo*-3-[4-(Methylthio)phenylserin] (MTPS, **10**), einem Precursor für die Synthese von Thiamphenicol (**7**), mittels einer Racematspaltung wurde bereits beschrieben.[77,95] Dabei wird DL-*threo*-MTPS (DL-*threo*-**10**) mit einer *low-specificity* D-TA aus *Arthrobacter* sp. gespalten, wobei das gewünschte L-*threo*-Produkt (L-*threo*-**10**) mit 50% Ausbeute und 100% *ee* erhalten wird (Abbildung 70). Weitere Untersuchungen zeigen, dass die Substratkonzentration von 8 mM auf 200 mM ohne Umsatzeinbußen erhöht werden kann.[95]

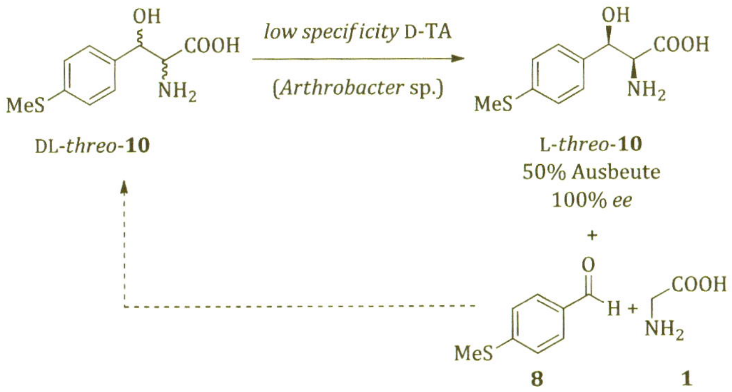

Abbildung 70. Synthese von L-*threo*-MTPS (L-*threo*-**10**)[95]

Aufgrund der limitierten Ausbeuten von 50% bei der Racematspaltung, stellt die direkte enzymatische Aldolreaktion die bessere Alternative dar, da theoretisch ein Umsatz von 100% möglich ist.

Eine Vielzahl an Substraten wird beispielsweise von der L-TA aus *Candida humicola* umgesetzt, wobei die entsprechenden Aminosäurederivate meist mit einer Ausbeute von ≥75% und guten Diastereomerenverhältnissen von bis zu 7:93 (*threo/erythro*) isoliert werden können (Abbildung 71). Das Produktspektrum zeigt, dass mit Threoninaldolasen hochfunktionalisierte Moleküle synthetisiert werden können. So beinhaltet die Azidohydroxyaminosäure L-**115** beispielsweise vier unterschiedliche Substituenten an den vier Kohlenstoffatomen.[92] In weiterführenden Studien konnte gezeigt werden, dass eine L-TA aus *E. coli* für aliphatische Substrate überwiegend *erythro*-Produkte liefert, wohingegen unter Verwendung einer D-TA aus *Xanthomonus oryzae* meist *threo*-Aminosäuren gebildet werden. Zudem konnte die Substratbreite erweitert werden.[96]

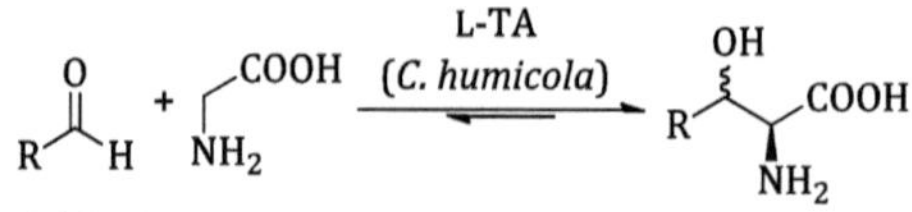

Aldehyd **1** L-β-Hydroxy-α-aminosäure

Produktspektrum

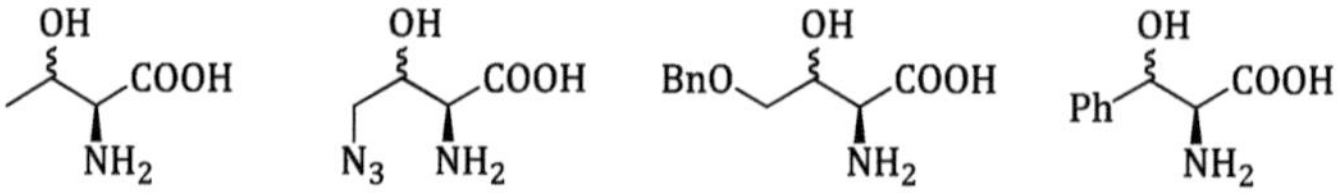

L-**114**	L-**115**	L-**116**	L-**14**
38% Ausbeute	75% Ausbeute	78% Ausbeute	87% Ausbeute
d.r. 7:93	d.r. <30:70	d.r. 7:93	d.r. 60:40
(*threo*/*erythro*)	(*threo*/*erythro*)	(*threo*/*erythro*)	(*threo*/*erythro*)

Abbildung 71. Enzymatische Aldolreaktion mit L-TA aus *C. humicola*[92]

Die Umsetzung von Benzaldehydderivaten mit L-TA aus *Pseudomonas putida* und D-TA aus *Alcaligenes xylosoxidans* wurde ebenfalls untersucht, wobei mit letzterer wesentlich höhere d.r.-Werte von bis zu 99:1 (*threo*/*erythro*) erreicht werden konnten. Die entsprechenden Produkte weisen eine Enantiomerenreinheit von >99% *ee* auf.[93] Mit beiden Enzymen konnte außerdem die Synthese γ-halogenierter sowie langkettiger β-Hydroxy-α-aminosäuren realisiert werden. Die gebildeten Produkte (<95% Ausbeute) weisen auch hier überwiegend *threo*-Konfiguration auf, wobei die Selektivität stark von Substrat und Enzym abhängig ist.[97] Ein Produktspektrum ist in Abbildung 72 dargestellt.

```
                    D-TA                              L-TA
    OH         (A. xylosoxidans)     O        COOH   (P. putida)      OH
R       COOH   ◄─────────────    R       H  +     NH₂   ─────────►  R     COOH
    NH₂                                                                NH₂
  D-Produkt                            Aldehyd     1                 L-Produkt
```

Produktspektrum

```
      OH              Br   OH                 OH                    OH
Ph       COOH      Ph       COOH       Cl        COOH         Br       COOH
      NH₂                 NH₂                 NH₂                   NH₂
     L-14               L-117               L-118                 L-119
  85% Ausbeute       79% Ausbeute        50% Ausbeute          20% Ausbeute
   d.r. 60:40         d.r. 67:33          d.r. 70:30            d.r. 87:13
 (threo/erythro)    (threo/erythro)     (threo/erythro)       (threo/erythro)

     D-14               D-117               D-118                 D-119
  79% Ausbeute        6% Ausbeute        26% Ausbeute           6% Ausbeute
   d.r. 99:1          d.r. 67:33          d.r. 89:11            d.r. 91:9
 (threo/erythro)    (threo/erythro)     (threo/erythro)       (threo/erythro)
```

Abbildung 72. Vergleich von D- und L-TA: Produktspektrum[93,97]

Die Akzeptanz der dargestellten Aldolasen gegenüber einem breiten Substratspektrum zeigt sich ebenfalls bei der Darstellung von β-Hydroxy-α,ω-diaminosäuren (wie L-**122** und L-**123**) aus Glycin **1** und den *N*-Cbz-Aminoaldehyden **120** und **121** mit einer L-TA aus *E. coli*. Mit der Einführung einer Methylgruppe in γ-Position konnten Aldolprodukte vom Typ **123** mit drei Chiralitätszentren generiert werden, zudem wurden Ausbeute (27%) und Diastereomerenverhältnis (d.r. (*threo/erythro*) = 82:18) verbessert (Abbildung 73).[98]

```
              H   O           L-TA              H   OH
         Cbz-N           (E. coli)         Cbz-N        COOH
              R    H    ───────────►            R    NH₂
                          + 1
         120 R = H                          L-122        L-123
         121 R = Me                        (R = H)      (R = Me)
                                         60% Umsatz   54% Umsatz
                                         18% Ausbeute 27% Ausbeute
                                          d.r. 70:30   d.r. 82:18
                                        (threo/erythro)(threo/erythro)
```

Abbildung 73. Synthese der β-Hydroxy-α,ω-diaminosäuren L-**122** und L-**123**[98]

Die Flexibilität der Aldolasen gegenüber des Akzeptor-Substrats ist vielfach beschrieben,[92,97] allerdings lassen diese meist keine Veränderung des Donors Glycin (**1**) zu.[93] Mittlerweile konnten allerdings auch einige Beispiele aufgezeigt werden, in denen Alanin (**124**), Serin (**125**) oder Cystein (**126**) als Donoren fungieren, was den Zugang zu einer weiteren Produktklasse ermöglicht.[76,99] Die aus der enzymatischen Addition resultierenden α,α-Dialkyl-α-aminosäuren L-**127**, L-**128** und L-**129** sind keine natürlich vorkommenden Moleküle und stellen so eine interessante Perspektive zur Herstellung pharmazeutischer Intermediate dar. L-TA (*Aeromonas jandaei*) und D-TA (*Pseudomonas* sp.) zeigen in diesem Fall weitestgehend gegensätzliche Stereopräferenzen für die *erythro*- beziehungsweise *threo*-Enantiomere (Abbildung 74). Auch hier konnten verschiedene Aldehyde mit bis zu 84% umgesetzt werden.[76]

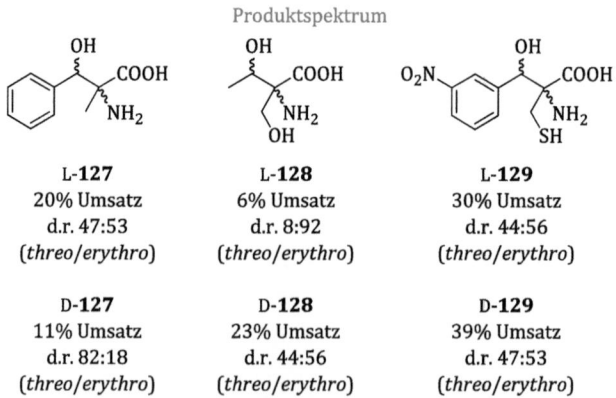

Abbildung 74. Produktspektrum für Verwendung alternativer Donor-Substrate[76]

Der Einsatz von Threoninaldolasen zur Herstellung von β-Hydroxy-α-aminosäuren ermöglicht den Zugang zu einem breiten Produktspektrum. Allerdings sind Umsätze und Selektivitäten stark von den eingesetzten Substraten, sowie Enzymen abhängig. Die Herausforderung für die heutige Forschung besteht darin, die Synthesen im Hinblick auf Umsatz und Diastereoselektivität zu verbessern.

Ein erster Ansatz die relativ geringen Diastereomerenüberschüsse zu umgehen, ist das sogenannte DYKAT-Verfahren (dynamic kinetic asymmetric transformation).[94,100] Dabei findet die Kombination einer L-TA-katalysierten Aldolreaktion (L-TA aus *P. putida*) mit einer anschließenden Decarboxylierung durch eine L-spezifische Tyrosin-Decarboxylase (L-TyrDC aus *Enterococcus faecalis*) Anwendung. Bei dieser bienzymatischen Synthese werden enantiomerenreine Aminoalkohole wie (*R*)-**130** hergestellt (Abbildung 75). Dabei läuft die Einstellung des Gleichgewichts deutlich schneller ab als die irreversible Decarboxylierung, wobei ein Enantiomerengemisch von e.r. (*R/S*) = 89:11 (entspricht 78% *ee* (*R*)) erhalten wird. Der *ee*-Wert von (*R*)-**130** konnte in weiterführenden Studien durch ein Eintopf-Dreienzym-Verfahren auf >99% *ee* erhöht werden.[94]

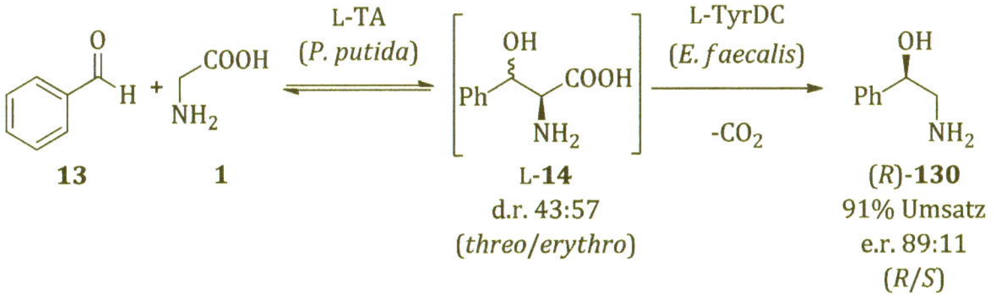

Abbildung 75. DYKAT-Verfahren[94]

Die enzymkatalysierte Aldolreaktion stellt im Vergleich zur klassisch chemischen Variante eine interessante Alternative dar. Dennoch kann dieses Verfahren für eine industrielle Anwendung attraktiver gestaltet werden. Das sich einstellende thermodynamische Gleichgewicht und die daraus resultierenden Diastereomerengemische wurden bereits beschrieben. Den Ansprüchen nach besseren Diastereoselektivitäten und weiteren Substraten könnte durch ein Protein-Engineering der eingesetzten Threoninaldolasen Rechnung getragen werden.[73] Des Weiteren sollte die Substratkonzentration möglichst hoch sein, um entsprechend die volumetrische Produktivität zu erhöhen.

4.3 Eigene Ergebnisse und Diskussion

Die Arbeiten innerhalb dieses Themas entstanden durch eine Kooperation mit den Unternehmen evocatal GmbH und Evonik Degussa GmbH, den Arbeitsgruppen von Prof. Dr. W. Hummel (FZ Jülich) und Prof. Dr. M. Bertau (TU Freiberg) sowie einer arbeitskreisinternen Zusammenarbeit mit Dipl.-Chem. Katrin Baer und Dipl.-Chem. Giuseppe Rulli im Rahmen des von der Deutschen Bundesstiftung Umwelt (DBU) geförderten Projekts „Aldolase-katalysierte Produktionsverfahren von Thiamphenicol" (AZ 13217).

4.3.1 Referenzen und Analytik

Um die Enantioselektivität der biokatalytischen Aldolreaktion genauer untersuchen zu können, wurden die entsprechenden β-Hydroxy-α-aminosäuren als Racemate synthetisiert. Diese dienten sowohl als Referenz für die ^{1}H-NMR- als auch für die chirale HPLC-Analytik.

4.3.1.1 Basenkatalysierte Aldolreaktion

Die Darstellung der racemischen β-Hydroxy-α-aminosäuren erfolgte anhand einer basenkatalysierten Aldolreaktion (Abbildung 76, vgl. auch Abschnitt 7.2.2.1). Die Diastereomerenverhältnisse konnten durch die Wahl der Temperatur und Reaktionszeit stark beeinflusst werden. So wurde das thermodynamisch begünstigte *threo*-Produkt bei Raumtemperatur erhalten, während bei niedrigeren Temperaturen (0°C) und kürzerer Reaktionszeit (eine

Stunde) das kinetisch bevorzugte *erythro*-Produkt gebildet wurde. Für die chirale HPLC-Analytik ist es notwendig zwei unterschiedliche Diastereomerengemische einzusetzen, um anschließend die Peaks der vier Stereoisomere (DL-*threo*/*erythro*) eindeutig zuordnen zu können (siehe Abschnitt 4.3.1.4). Dies kann entweder durch zwei Ansätze bei unterschiedlichen Temperaturen erreicht werden oder aber durch die zweimalige Umkristallisation des Rohprodukts in Wasser. Die synthetisierten Racemate wurden alle mit Umsätzen von 61% bis 89% erhalten.

Allerdings konnte das Nitroderivat *rac*-137a im ¹H-NMR-Spektrum nach Aufarbeitung des Rohprodukts nicht mehr detektiert werden, weshalb nachfolgend keine Derivatisierung erfolgte.

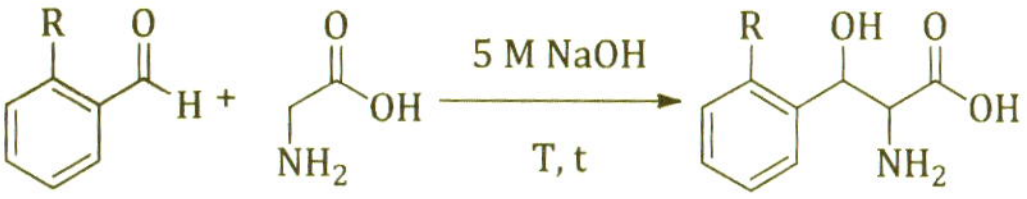

131 (R = Br)	1	*rac*-117a
132 (R = F)		*rac*-135a
133 (R = Me)		*rac*-136a
134 (R = NO₂)		*rac*-137a
2.5 M	0.5 Äq.	

Produktspektrum

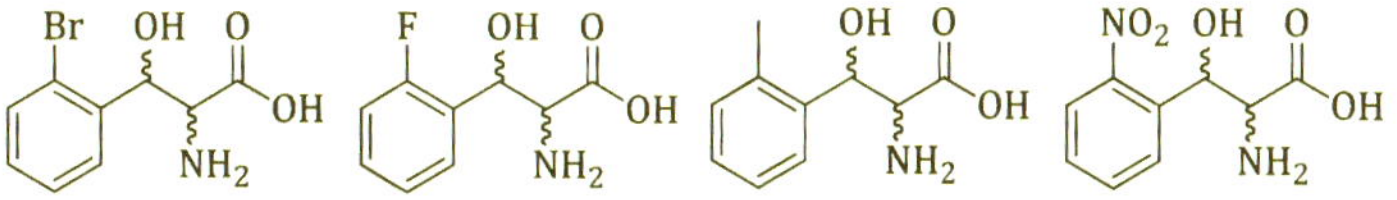

rac-117a	*rac*-135a	*rac*-136a	*rac*-137a
61% Umsatz	89% Umsatz	77% Umsatz	75% Umsatz
d.r. 75:25	d.r. 69:31	d.r. 71:29	d.r. 87:13
(threo/erythro)	(threo/erythro)	(threo/erythro)	(threo/erythro)

Abbildung 76. Racematsynthese und Produktspektrum der β-Hydroxy-α-aminosäuren

4.3.1.2 Derivatisierung der β-Hydroxy-α-aminosäuren

Die Racemate wurden anschließend im Basischen mit Benzoylchlorid (BzCl, **138**) entsprechend der Literatur umgesetzt (Abbildung 77, vgl. auch Abschnitt 7.2.2.2).[101] Dieser Schritt erfolgte um eine Referenz zur enzymatischen Aldolreaktion herzustellen, die sowohl für die Umsatzbestimmung als auch zur Ermittlung der *ee*-Werte mittels HPLC herangezogen werden kann.

Es wurden jeweils zwei unterschiedliche Diastereomerengemische der β-Hydroxy-α-aminosäuren derivatisiert, um eine eindeutige chirale HPLC-Analyse gewährleisten zu können. Die komplette Isolierung der Produkte konnte nur teilweise erfolgen, weshalb die Bestimmung der Ausbeuten nicht für alle Produkte möglich war. Die Produkte konnten aber weitestgehend charakterisiert werden. Die geringe Ausbeute von *rac*-**135b** kann durch die mehrmalige Umkristallisation erklärt werden. Dabei wurde lediglich eine Fraktion mit 8% Ausbeute und einer Reinheit von >95% erhalten. Weitere Fraktionen waren mit Benzoesäure bzw. Glycin (**1**), welches ebenfalls derivatisiert wurde, verunreinigt. Das Produkt *rac*-**136b** konnte nicht isoliert werden.

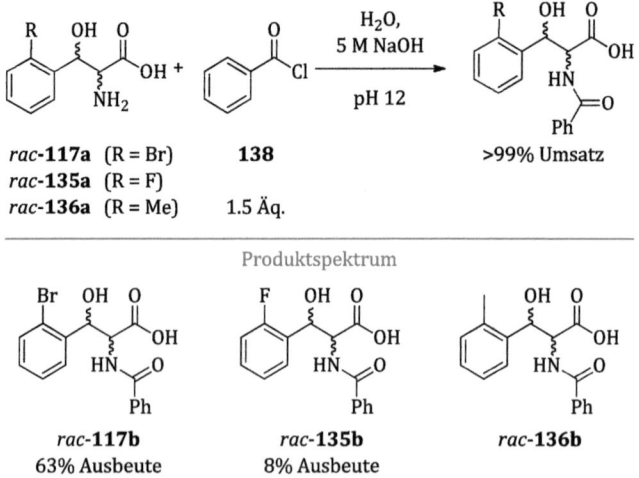

Abbildung 77. Derivatisierung der racemischen β-Hydroxy-α-aminosäuren mit BzCl (**138**), Produktspektrum

4.3.1.3 Interpretation der ¹H-NMR-Spektren

Für die Auswertung der ¹H-NMR-Spektren, werden zwei wesentliche Gegebenheiten herangezogen, um eine eindeutige Zuordnung der Diastereomeren-Peaks zu gewährleisten und die absolute Konfiguration zu bestimmen. Es muss beachtet werden, dass die chemische Verschiebung δ [ppm] der *threo*-Verbindungen relativ zu den *erythro*-Produkten größer ist (Tieffeldverschiebung). Die Protonen der beiden Chiralitätszentren werden im Spektrum als Dupletts angezeigt, woraus im Falle des isolierten Auftretens die Kopplungskonstante J [Hz] bestimmt werden kann. Diese sollte für die *erythro*-β-Hydroxy-α-aminosäure im Vergleich zur *threo*-Form kleiner sein.[93] Aufgrund der freien Drehbarkeit der Einzelbindungen ist es allerdings möglich, dass sich die Kopplungskonstanten kaum unterscheiden. Abbildung 78 zeigt ein ¹H-NMR-Spektrum von L-**117a** mit der entsprechenden Interpretation.

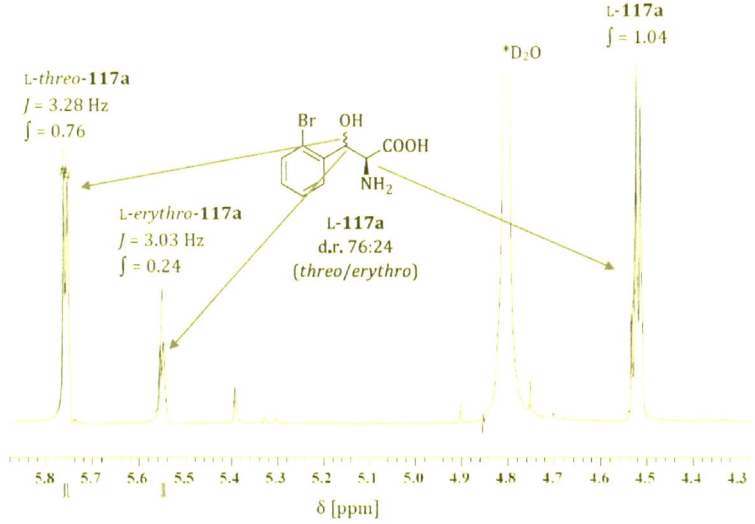

Abbildung 78. Auswertung des ¹H-NMR-Spektrums von L-**117a**

4.3.1.4 Etablierung einer HPLC-Methode

Um die Enantiomerenreinheit der synthetisierten β-Hydroxy-α-aminosäuren mittels chiraler HPLC bestimmen zu können, wurden die Produkte der enzymatischen Aldolreaktion mit Benzoylchlorid (**138**) derivatisiert. Die chirale HPLC-Analytik konnte für *o*-Brom- und *o*-Chlorphenylserin (L-**117b** und L-**139b**) erfolgreich durchgeführt werden. Für beide Produkte, unabhängig von Umsatz und Diastereomerenverhältnis, lagen die *ee*-Werte bei >99%. Dies gilt für alle dargestellten biokatalytischen Reaktionen – sofern die Derivatisierung erfolgte. Aufgrund fehlender HPLC-Methoden konnten weitere β-Hydroxy-α-aminosäuren nicht hinreichend genau vermessen und ausgewertet werden. Anhand des *o*-Bromderivats **117b** soll im Folgenden die Zuordnung der Peaks exemplarisch dargelegt werden (Abbildung 79).

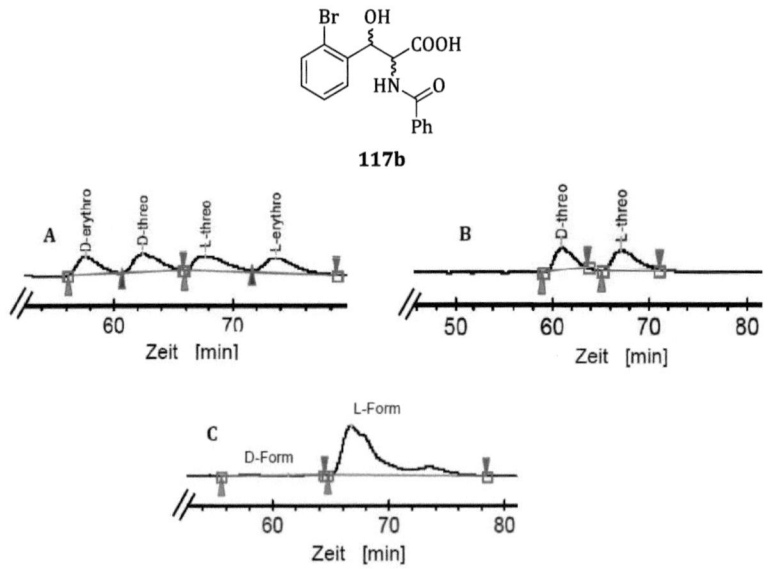

A: *rac*-**117b** (aus Racematsynthese), B: *rac-threo*-**117b** (aus Racematsynthese), C. L-**117b** (aus Enzymansatz).

Abbildung 79. HPLC-Spektren von **117b**

Abbildung 79 (A) zeigt alle vier Stereoisomere des Racemats *rac*-**117b** mit einem d.r.-Wert von 60:40 (*threo/erythro*). Die Unterscheidung der *threo*- und *erythro*-Peaks erfolgte anhand einer zweiten Messung (B) von *rac-threo*-**117b**. Das Ergebnis konnte durch Integration der Flächen und Vergleich mit dem Diastereomerenverhältnis aus (A) bestätigt werden. Die Zuordnung der D- und L-Formen erfolgte dann anhand des HPLC-Chromatogramms eines Enzymansatzes (C), der lediglich L-Enantiomere mit d.r. (*threo/erythro*) = 90:10 zeigt. Anhand des Schemas von L-**117b** (C) konnte ein *ee*-Wert von >99% bestimmt werden, da keine D-Isomere vorhanden waren.

4.3.2 Standardreaktion

4.3.2.1 Vergleich von L-TA aus *E. coli* und *S. cerevisiae*

Da die Umsetzung aromatischer Substrate mit L-TA aus *S. cerevisiae* bisher kaum untersucht wurde,[21,22,23] sollte als Vergleich zunächst die Modellreaktion zur Darstellung von Phenylserin (**14a**) aus Benzaldehyd (**13**) mit L-TA aus *E. coli* herangezogen werden (Abbildung 80, siehe auch Abschnitt 7.2.2.4.1). Die Bedingungen wurden in Anlehnung an die Literatur gewählt.[93,102] Der Donor **1** musste dabei im Überschuss (10 Äq.) eingesetzt werden, um das Gleichgewicht auf die Seite des Aldol-Produkts **14a** zu verschieben. Die Bestimmung des Umsatzes erfolgte nach Derivatisierung von L-**14a** mit Benzoylchlorid (**138**). Beide L-TAs lieferten ähnliche Diastereomerenverhältnisse von d.r. (*threo/erythro*) = 65:35 (*E. coli*) und d.r. (*threo/erythro*) = 67:32 (*S. cerevisiae*) wobei für den Biokatalysator aus *S. cerevisiae* ein höherer Umsatz von 80% beobachtet werden konnte im Vergleich zu den 70% Umsatz, die mit der L-TA aus *E. coli* erzielt wurden. Eine mögliche Hintergrundreaktion ohne Zugabe eines Biokatalysators wurde bereits untersucht und konnte ausgeschlossen werden.[102]

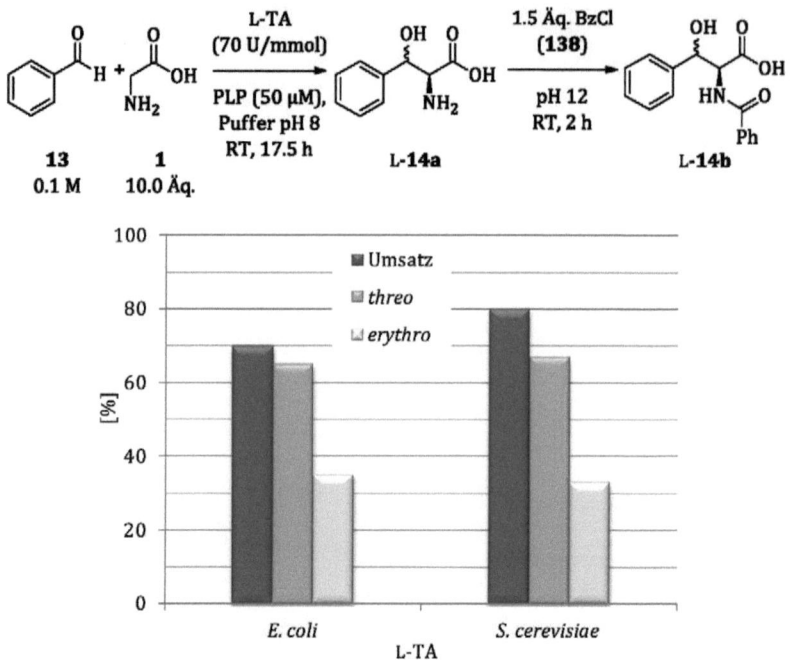

Abbildung 80. Vergleich von L-TA aus *E. coli* und *S. cerevisiae*

Im Folgenden wird mit L-TA die L-Threoninaldolase aus *S. cerevisiae* bezeichnet, da die Verwendung von L-TA aus *E. coli* nur als Referenz diente und keine weiteren Untersuchungen damit durchgeführt wurden.

4.3.2.2 Umsatzbestimmung mittels ¹H-NMR-Analytik

Die verwendeten Chargen der L-Threoninaldolase aus *S. cerevisiae* wurden aufgrund der längeren Haltbarkeit in Glycerol aufbewahrt. Durch die 1:1-Mischung von Enzym und Glycerol (v/v) war eine Umsatzbestimmung im Anschluss an die biokatalytische Aldolreaktion anhand der ¹H-NMR-Spektren nicht möglich. Glycerin überlagerte die zur Bestimmung herangezogenen Glycin-Peaks (**1**) im NMR-Spektrum. Im Arbeitskreis wurden bereits zwei mögliche Methoden entwickelt, dieses Problem zu umgehen.[102]

Die in Abbildung 81 dargestellte Variante A beschreibt die Derivatisierung von L-Phenylserin (L-**14a**) mit Benzoylchlorid (**138**). Das Produkt L-**14b** konnte nun im organischen Medium (Aceton) vom Glycerol in der wässrigen Phase durch Extraktion abgetrennt werden. Der Umsatz ließ sich anschließend aus dem Verhältnis von ebenfalls derivatisiertem Glycin (**1a**) zu L-**14b** berechnen. Diese Methode wurde hauptsächlich verwendet, da einerseits die Handhabung in organischem Lösungsmittel leichter war und andererseits nur die derivatisierten Produkte mittels chiraler HPLC vermessen werden konnten.

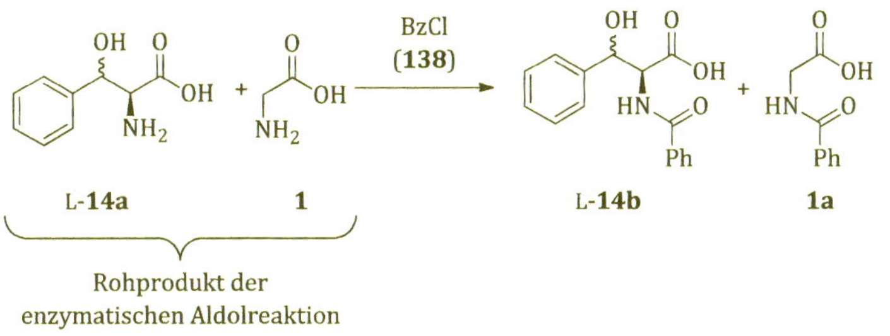

Abbildung 81. Umsatzbestimmung (Variante A): Derivatisierung mit BzCl (**138**)

Variante B zeigt die Verwendung eines NMR-Standards zur Berechnung des Umsatzes (Abbildung 82). Dazu wurde *tert*-Leucin (**140**, 0.1 M, 1.0 Äq.) zum Rohprodukt gegeben und mittels ¹H-NMR-Spektroskopie das Verhältnis zum Produkt (L-**14a**) berechnet. Im vorliegenden Fall konnte der Umsatz wie folgt anhand der Integralflächen berechnet werden:

$$\text{Umsatz} = \frac{\int C\underline{H}\text{-OH }(\textbf{14a})}{\int \textit{tert}\text{-Leu }(\textbf{140}) \div 9} = \frac{1}{11.5 \div 9} = 78\%$$

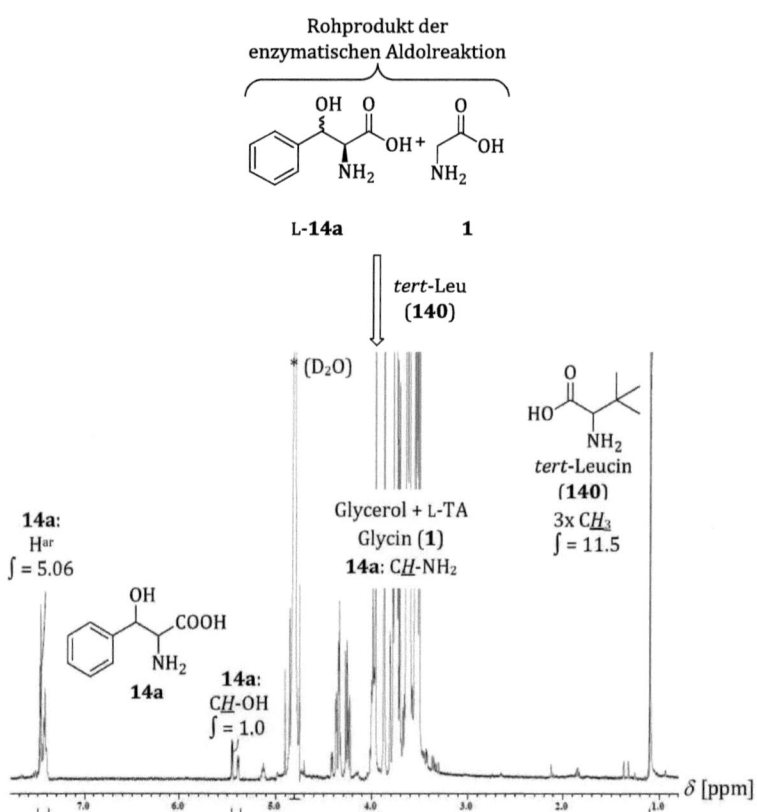

Abbildung 82. Umsatzbestimmung (Variante B): *tert*-Leucin (**140**) als NMR-Standard

Beide Methoden wurden anschließend miteinander verglichen, um Aussagen über die Genauigkeit treffen zu können (Abbildung 83). Für Variante A wurde ein Umsatz von 80%, für Variante B von 78% berechnet. Der marginale Unterschied von 3%, zeigt die gleichwertige Einsatzmöglichkeit beider Methoden. Die Diastereomerenverhältnisse von Derivatisierung (L-**14b**, d.r. (*threo/erythro*) = 67:33) und NMR-Standard (L-**14a**, d.r. (*threo/erythro*) = 61:39) divergieren etwas stärker. Dies konnte allerdings auf die NMR-Auswertung zurückgeführt werden, da die Integration der Peaks eine gewisse Schwankungsbreite aufweist.

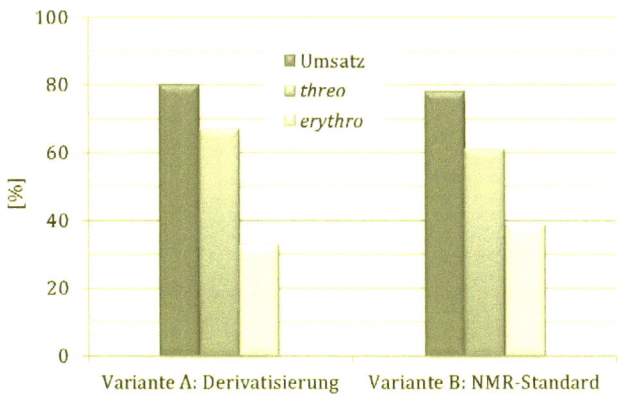

Abbildung 83. Vergleich der Methoden zur Umsatzbestimmung

Die Reaktionsgleichungen wurden im Folgenden vereinfacht dargestellt; ohne den Derivatisierungsschritt. Soweit nicht anders angegeben, wurde Variante A zur Umsatzbestimmung herangezogen.

4.3.2.3 Einfluss des Cofaktors PLP

Da im Rohextrakt des Enzyms bereits Cofaktor enthalten war, wurde getestet ob eine Zugabe von PLP für die enzymatische Aldolreaktion notwendig ist (Abbildung 84). Das Pyridoxalphosphat bildet mit dem Donormolekül eine Schiff'sche Base und aktiviert so das Glycin (**1**). Der Umsatz der Modellreaktion wurde für diese Testreihe mit Variante B (NMR-Standard) bestimmt. Die Tests ohne PLP zeigten einen deutlich geringeren Umsatz von lediglich 53% als im Vergleichsversuch (78%), zudem wurden niedrigere d.r.-Werte erreicht (56:44 anstatt 61:39, *threo/erythro*). Somit konnte gezeigt werden, dass die vorhandene Menge an Cofaktor nicht ausreicht, weshalb für anschließende Reaktionen weiterhin PLP (50 µM) zugegeben wurde.

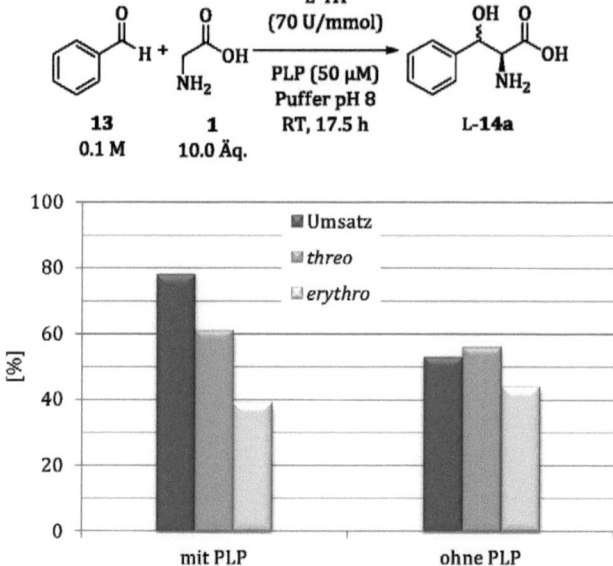

Abbildung 84. Einfluss des Cofaktors PLP

4.3.3 Substratbreite

4.3.3.1 Einfluss des Substitutionsmusters

Am Beispiel chlorsubstituierter Benzaldehyde (**141**, **142** und **143**) wurde der Einfluss des Substitutionsmusters auf die enzymatische Aldolreaktion untersucht (Abbildung 85 und Abschnitt 7.2.2.5.1). In allen Fällen konnte eine gute Diastereoselektivität von >75% *de* (*threo*) beobachtet werden. Der *ortho*-substituierte Benzaldehyd **141** zeigte sich als reaktivstes Substrat mit einem Umsatz von 92% und d.r. (*threo/erythro*) = 82:18. Auch mit Verwendung des *meta*-Substrats **142** ließ sich ein Umsatz von 85% erzielen, allerdings war das Diastereomerenverhältnis mit 76:24 (*threo/erythro*) niedriger. Die Bildung des *para*-Produkts L-**145** lag lediglich bei 30%, mit einem d.r.-Wert von 75:25 (*threo/erythro*). Der *ee*-Wert konnte lediglich für L-**139** bestimmt werden und liegt bei >99%.

4 Enzymatische Aldolreaktion

Reaktionsschema:

Cl—[Ph]—CHO + Glycin (NH₂-CH₂-COOH) → L-TA (70 U/mmol), PLP (50 µM), Puffer pH 8, RT, 17.5 h → L-Chlorphenylserin

141 (*o*-Cl)
142 (*m*-Cl)
143 (*p*-Cl)
0.1 M   10.0 Äq.

Produktspektrum

L-139
92% Umsatz
d.r. 82:18
(*threo/erythro*)
>99% ee

L-144
85% Umsatz
d.r. 76:24
(*threo/erythro*)

L-145
30% Umsatz
d.r. 75:25
(*threo/erythro*)

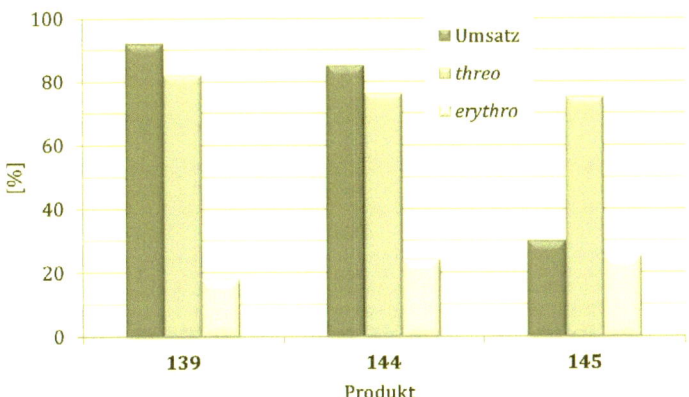

Abbildung 85. Einfluss des Substitutionsmusters auf Umsatz und Diastereomerenverhältnis

4.3.3.2 Einsatz *ortho*-substituierter Benzaldehyde

Aufgrund des exzellenten Resultats mit dem *ortho*-substituierten Aldehyd **141** wurden weitere *ortho*-Substrate eingesetzt (Abbildung 86, sowie Abschnitt 7.2.2.5.2). Lediglich L-**136** bzw. L-**146** wurden mit 24% bzw. <5% Umsatz erhalten, alle weiteren Substrate ergaben 69% Umsatz und mehr. Auch die d.r.-Werte sind mit durchschnittlich 70:30 (*threo*/*erythro*) gut, aber nicht mit dem Ergebnis von d.r. (*threo*/*erythro*) = 82:18 des *o*-Chlorphenylserins (L-**139**) vergleichbar (siehe Abschnitt 4.3.3.1). Der *ee*-Wert für L-**117** liegt bei >99%. Weitere Werte konnten aufgrund fehlender chiraler HPLC-Methoden nicht bestimmt werden.

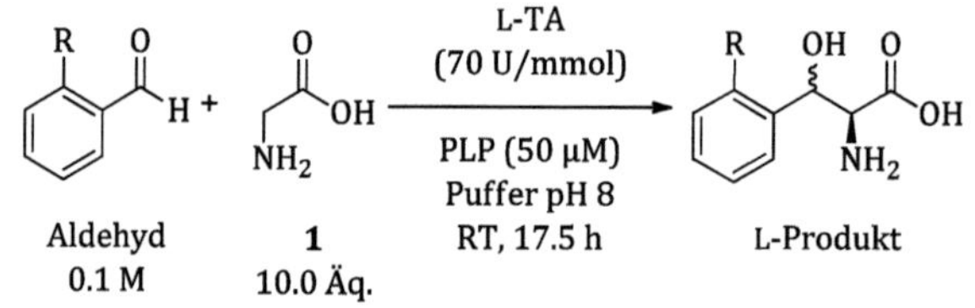

Produktspektrum

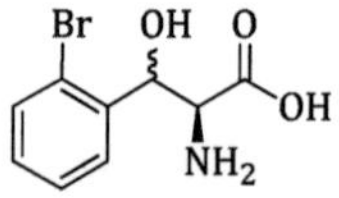

L-**117**
69% Umsatz
d.r. 65:35
(*threo*/*erythro*)
>99% *ee*

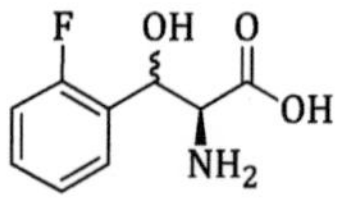

L-**135**
87% Umsatz
d.r. 75:25
(*threo*/*erythro*)

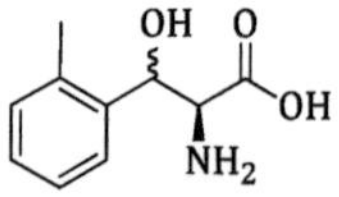

L-**136**
24% Umsatz
d.r. 72:28
(*threo*/*erythro*)

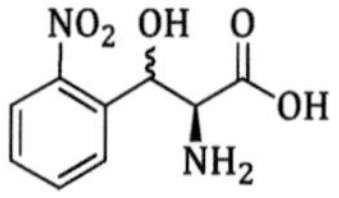

L-**137**
77% Umsatz
d.r. 70:30
(*threo*/*erythro*)

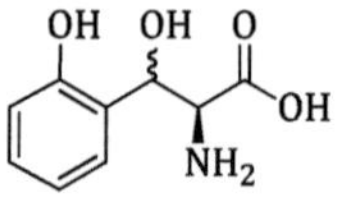

L-**146**
<5% Umsatz
d.r. n.b.

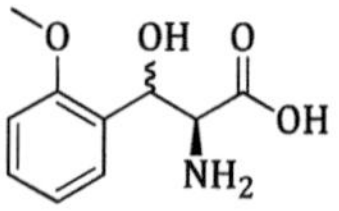

L-**147**
75% Umsatz
d.r. 72:28
(*threo*/*erythro*)

Abbildung 86. Einsatz *ortho*-substituierter Benzaldehyde mit Produktspektrum

4.3.3.3 Thiamphenicol-Substrate

Im Hinblick auf die Synthese von Thiamphenicol (**7**) wurden zwei schwefelhaltige Benzaldehydderivate (**8** und **148**) eingesetzt und die Akzeptanz des Enzyms auf diese Substrate untersucht (Abbildung 87 und Abschnitt 7.2.2.5.3). Mit Methylthiobenzaldehyd (**8**) konnte nach mehreren Versuchen und bei Reaktionszeiten bis zu 72 Stunden keine Produktbildung festgestellt werden. L-Methylsulfonylphenylserin (L-**149**) konnte mit 22% innerhalb von 17.5 Stunden gebildet werden, allerdings brachte die dreifache Erhöhung der Reaktionszeit keine merkliche Verbesserung, weshalb keines der beiden Substrate weiter verwendet wurde.

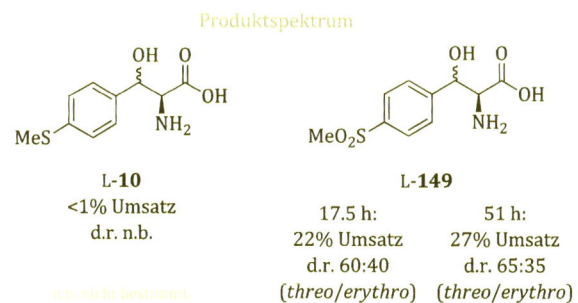

Abbildung 87. Einsatz von Thiamphenicol-Substraten

4.3.4 Erhöhung der Substratkonzentration

Für eine mögliche industrielle Anwendung der Reaktion sind unter anderem hohe Substratkonzentrationen notwendig, um die volumetrische Produktivität zu steigern. Daher wurde die Erhöhung der Substratkonzentration von 100 mM auf 250 mM angestrebt (Abbildung 88).

Da eine Enzymkonzentration von 70 U/mmol mit der Verwendung der in Glycerol gelagerten L-TA nicht realisierbar war, wurde der Rohextrakt in unverdünnter Form eingesetzt.

Die höhere Konzentration hatte in den meisten Fällen einen verminderten Umsatz zur Folge (siehe auch Abschnitt 7.2.2.6). Lediglich die Darstellung von *o*-Chlorphenylserin (L-**139**) zeigte vergleichbare Ergebnisse von 93% Umsatz und d.r. (*threo/erythro*) = 80:20. Für das *o*-Methoxyderivat L-**147**, sowie das *o*-Fluorphenylserin (L-**135**) konnten sehr gute d.r.-Werte von >95:5 bzw. 84:16 (*threo/erythro*) beobachtet werden bei Umsätzen von 24% (L-**147**) bzw. 29% (L-**135**). Hohe Diastereomerenüberschüsse bei niedrigen Umsätzen sind auf die Selektivität der L-TA aus *S. cerevisiae* zurückzuführen, die die Bildung des *threo*-Produkts bevorzugt. Allerdings stellt sich im Laufe der Reaktion (höhere Umsätze) ein thermodynamisches Gleichgewicht ein, was zur Reduzierung der d.r.-Werte führt.

Des Weiteren konnte das *o*-Bromprodukt L-**117** mit einem exzellenten Diastereomerenverhältnis von d.r. (*threo/erythro*) = 90:10 bei 48% Umsatz erhalten werden. Die enzymatische Aldolreaktion wurde anschließend mit diesem Substrat näher untersucht.

Die Bestimmung des Enantiomerenüberschusses mittels chiraler HPLC konnte für die Produkte L-**117** sowie L-**139** erfolgen; beide Werte liegen bei >99% *ee*.

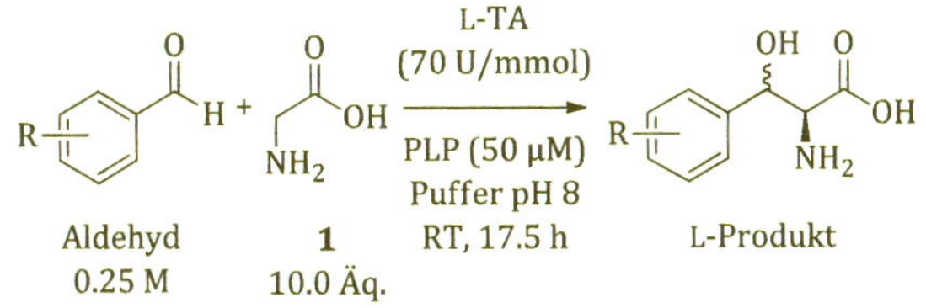

4 Enzymatische Aldolreaktion

$$\underset{\substack{\text{Aldehyd}\\0.25\ \text{M}}}{R\text{-}C_6H_4\text{-}CHO} + \underset{\substack{\mathbf{1}\\10.0\ \text{Äq.}}}{\text{H}_2N\text{-}CH_2\text{-}COOH} \xrightarrow[\substack{\text{PLP (50 µM)}\\\text{Puffer pH 8}\\\text{RT, 17.5 h}}]{\text{L-TA (70 U/mmol)}} \underset{\text{L-Produkt}}{R\text{-}C_6H_4\text{-}CH(OH)\text{-}CH(NH_2)\text{-}COOH}$$

Produktspektrum

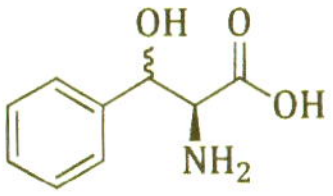

L-14
49% Umsatz
d.r. 59:41
(*threo/erythro*)

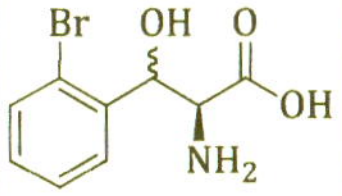

L-117 (Br, ortho)
48% Umsatz
d.r. 90:10
(*threo/erythro*)
>99% ee

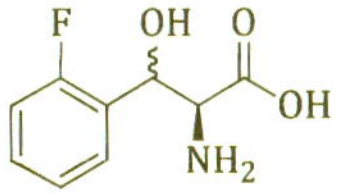

L-135 (F, ortho)
29% Umsatz
d.r. 84:16
(*threo/erythro*)

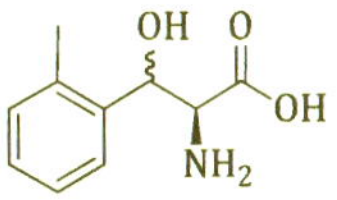

L-136 (CH$_3$, ortho)
<5% Umsatz
d.r. >90:10
(*threo/erythro*)

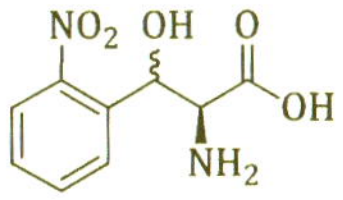

L-137 (NO$_2$, ortho)
52% Umsatz
d.r. 75:25
(*threo/erythro*)

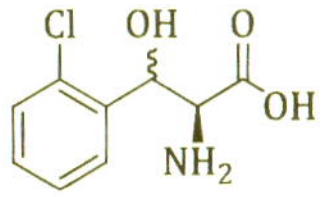

L-139 (Cl, ortho)
93% Umsatz
d.r. 80:20
(*threo/erythro*)
>99% ee

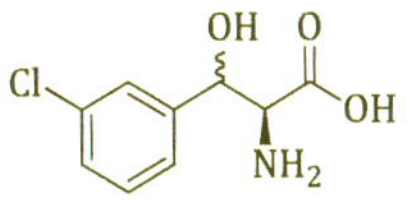

L-144 (Cl, meta)
5% Umsatz
d.r. 53:47
(*threo/erythro*)

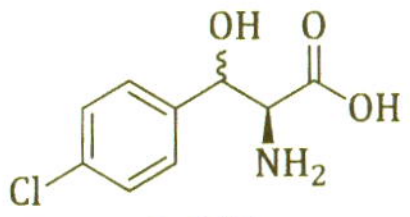

L-145 (Cl, para)
<5% Umsatz
d.r. n.b.

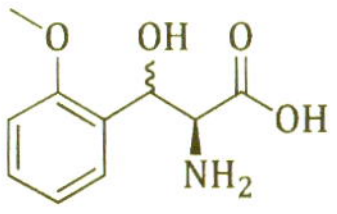

L-147 (OMe, ortho)
24% Umsatz
d.r. >95:5
(*threo/erythro*)

Abbildung 88. Erhöhung der Substratkonzentration

4.3.5 Prozessentwicklung unter Berücksichtigung thermodynamischer und kinetischer Kontrolle

Zur Untersuchung des Diastereomerenverhältnisses von o-Bromphenylserin (L-**117**) in Bezug auf den Umsatz wurden die Bedingungen variiert (Tabelle 17). Die beiden ersten Ergebnisse zeigen den direkten Vergleich der Aldehydkonzentrationen von 100 mM und 250 mM (Eintrag 1 und 2). Eine Erhöhung der Reaktionszeit auf 66 Stunden (250 mM Aldehyd) lieferte zwar einen deutlich höheren Umsatz von 75%, allerdings war der d.r.-Wert mit 78:22 (*threo/erythro*) erniedrigt (Eintrag 3). Aufgrund des sich einstellenden thermodynamischen Gleichgewichts werden bei höheren Umsätzen geringe Diastereomerenverhältnisse erzielt. Die Enantiomerenüberschüsse für alle dargestellten Versuche sind >99% *ee*.

Tabelle 17. Untersuchung des Diastereomerenverhältnisses

Eintrag	Aldehyd **131** [mM]	L-TA [U/mmol]	t [h]	Umsatz[a] [%]	d.r.[a] (*threo/erythro*)
1	100	70	17.5	69	65:35
2	250	70	17.5	48	90:10
3	250	70	66	75	78:22
4	250	100	66	37	75:25

[a] Bestimmung mittels ^{1}H-NMR.

Die Erhöhung der Enzymkonzentration auf 100 U/mmol führte zur Verringerung des Umsatzes um etwa die Hälfte (37%), wobei das Diastereomerenverhältnis konstant blieb (Eintrag 4). Der exzellente d.r.-Wert von 90:10 (*threo/erythro*) konnte allerdings nur bei relativ niedrigen Umsätzen erzielt werden (Eintrag 2). Insgesamt lagen aber die Diastereomerenverhältnisse mit einer Substratkonzentration von 250 mM höher als unter Standardbedingungen (100 mM).

4.3.6 Scale-Up und Produktisolierung

Da bisherige Ansätze lediglich im 250 µl-Maßstab durchgeführt wurden, konnte eine Produktisolierung nicht realisiert werden. Für ein Scale-Up auf ein Volumen von 6 ml mit anschließender Aufarbeitung des Rohprodukts wurde aufgrund der sehr guten Ergebnisse die enzymatische Aldolreaktion mit *o*-Brombenzaldehyd (**131**) durchgeführt (Abbildung 89). Der Umsatz von 69%, sowie das Verhältnis von d.r. (*threo/erythro*) = 82:18 stimmten in diesem Fall nicht mit dem Ergebnis des volumetrisch geringeren Ansatzes überein (vgl. Abschnitt 4.3.5), was eventuell auf die Verwendung einer neuen Enzmcharge zurückzuführen ist. Ein Vergleichsversuch mit der neuen Enzymcharge im 250 µl-Maßstab konnte nicht durchgeführt werden, da die Enzymmenge nicht ausreichte. Eine Gesamtausbeute von 36% konnte nach viermaligem Umkristallisieren erreicht werden, das Diastereomerenverhältnis von L-**117a** betrug 65:35 (*threo/erythro*). Der *ee*-Wert von >99% (L-**117b**) wurde anhand eines derivatisierten Aliquots des Rohprodukts bestimmt.

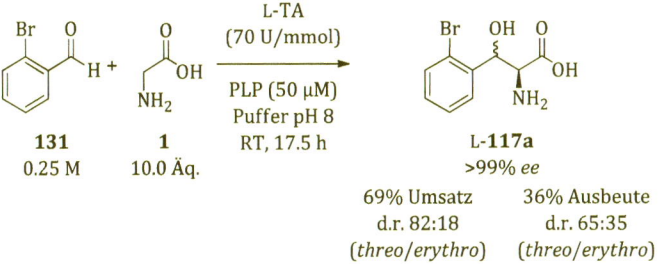

Abbildung 89. Produktisolierung

4.4 Zusammenfassung

Die enzymatische Aldolreaktion konnte unter Verwendung der L-spezifischen Threoninaldolase (L-TA) aus *S. cerevisiae* eingehend untersucht werden. Da mit dieser L-TA bisher hauptsächlich die Umsetzung aliphatischer Substrate beschrieben wurde,[21,22,23] lag der Fokus dieser Arbeiten auf der Etablierung einer Reaktion mit aromatischen Aldehyden, wie Benzaldehyd (**13**), welches als Standardsubstrat diente. Die Synthese der entsprechenden β-Hydroxy-α-aminosäuren erfolgte mit Glycin (**1**) als enzymspezifischem Donor. Phenylserin (L-**14**) konnte in einer Standardreaktion mit 80% Umsatz und einem Diastereomerenverhältnis von d.r. (*threo*/*erythro*) = 67:33 sowie >99% *ee* erhalten werden (Abbildung 90), was mit den Ergebnissen für die Umsetzung mit einer L-TA aus *E. coli* vergleichbar war.

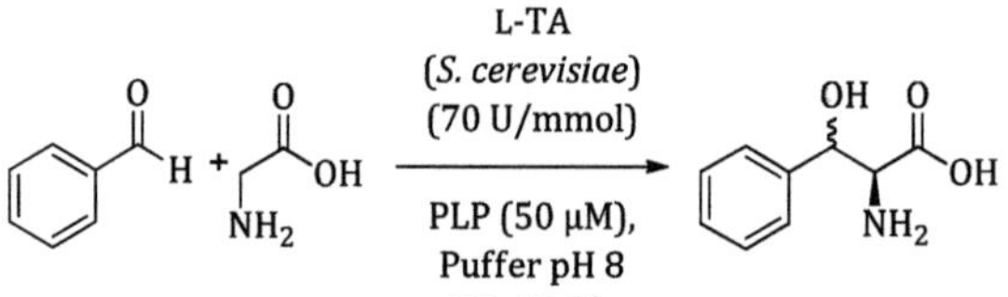

13
0.1 M

1
10.0 Äq.

L-**14**
80% Umsatz
d.r. 67:33
(*threo*/*erythro*)
>99% *ee*

Abbildung 90. Enzymatische Aldolreaktion mit L-TA aus *S. cerevisiae*

Anhand der Derivatisierung des Rohprodukts mit Benzoylchlorid (**138**) bzw. dem Einsatz von *tert*-Leucin (**140**) als NMR-Standard konnten zunächst zwei Möglichkeiten zur Bestimmung des Umsatzes überprüft werden. Diese wurden bereits im Arbeitskreis entwickelt, um die Ergebnisse der enzymatischen Aldolreaktion mit L-TA aus *E. coli* auszuwerten.[102] Außerdem konnte gezeigt werden, dass für die L-Threoninaldolase aus *S. cerevisiae* der Einsatz des Cofaktors PLP zur Katalyse der Reaktion im Hinblick auf höhere Umsätze notwendig ist.

Weiterhin wurde anhand chlorsubstituierter Benzaldehyde (**141**, **142** und **143**) der Einfluss des Substitutionsmusters auf Produktbildung und Diastereoselektivität überprüft. Das in *ortho*-Position substituierte Derivat (**141**) lieferte mit 92% Umsatz, einem Diastereomerenverhältnis von d.r. (*threo*/*erythro*) = 82:18 und einem *ee*-Wert von >99% für L-**139** exzellente Ergebnisse (Abbildung 91).

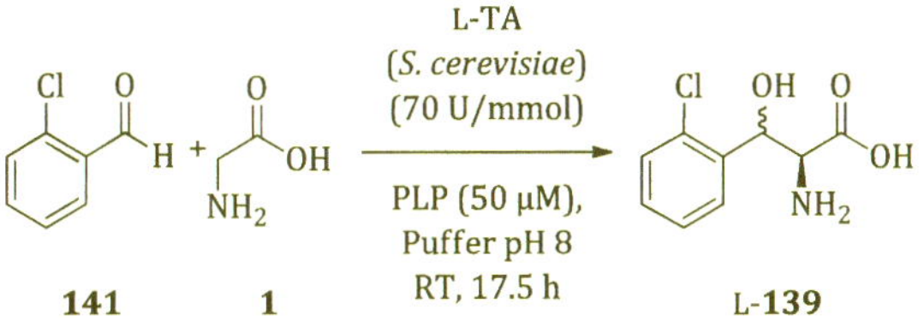

141 0.1 M

1 10.0 Äq.

L-**139** 92% Umsatz d.r. 82:18 (*threo*/*erythro*) >99% *ee*

Abbildung 91. Enzymatische Aldolreaktion zur Darstellung von L-**139**

Daraufhin wurde die enzymatische Aldolreaktion unter Verwendung weiterer *ortho*-substituierter Benzaldehyde untersucht. Durchschnittlich konnten für die Synthesen der L-Phenylserinderivate 70% Umsatz – mit einer Aldehydkonzentration von 100 mM – erzielt werden. Aufgrund des thermodynamischen Gleichgewichts waren höhere Diastereoselektivitäten von >50% *de* (*threo*) nur in seltenen Fällen erreichbar. Durch eine anschließende Erhöhung der Substratkonzentration auf 250 mM konnten deutlich höhere Diastereomerenverhältnisse erzielt werden, allerdings mit geringeren Umsätzen (Abbildung 92).

Die genauere Untersuchung von *o*-Brombenzaldehyd (**131**) als Substrat zeigte, dass durch die Verlängerung der Reaktionszeit auf 66 Stunden der Umsatz von 48% auf 75% gesteigert werden konnte, wobei der Diastereomerenüberschuss von L-**117** zwar etwas geringer wurde, mit 80% *de* (*threo*) aber dennoch überdurchschnittlich hoch war, bezogen auf den relativ hohen Umsatz.

Die Ergebnisse zeigten, dass die L-TA aus *S. cerevisiae* nicht nur die Umsetzung aliphatischer Aldehyde, sondern auch die Synthese aromatischer β-Hydroxy-α-aminosäuren katalysiert. Je nach eingesetztem Substrat konnten sogar Diastereomerenverhältnisse von d.r. (*threo/erythro*) = 80:20 bei sehr hohen Umsätzen von >90% erhalten werden, sowohl mit 100 mM als auch mit 250 mM Aldehydkonzentration. Dies stellt eine Verbesserung der bisher beschriebenen Syntheserouten dar, da meist nur d.r.-Werte von 70:30 (*threo/erythro*) erreicht werden konnten.

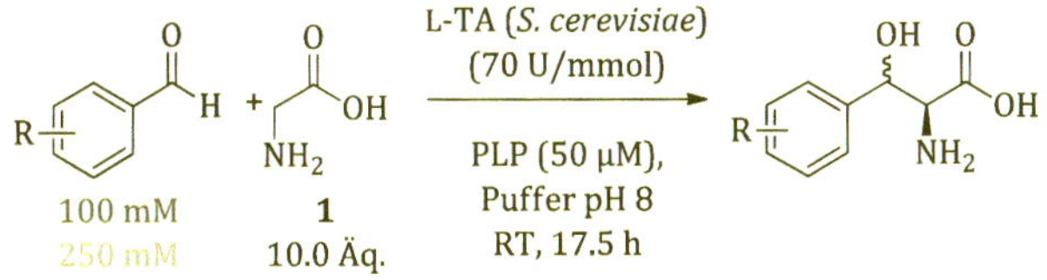

4 Enzymatische Aldolreaktion

Reaktion: R-C₆H₄-CHO (100 mM / 250 mM) + Glycin **1** (10.0 Äq.) → Produkt

Bedingungen: L-TA (*S. cerevisiae*) (70 U/mmol), PLP (50 µM), Puffer pH 8, RT, 17.5 h

Produktspektrum

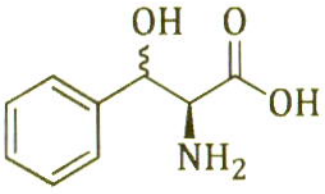

L-14 (Phenyl)
80% Umsatz
d.r. 67:33 (*threo/erythro*)
>99% ee

Umsatz: 49%
d.r. 59:41
(*threo/erythro*)

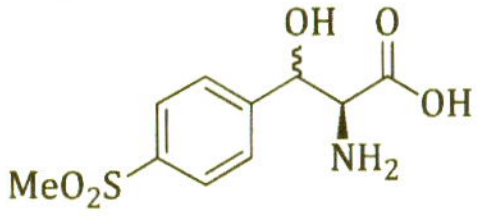

L-149 (4-MeO₂S)
27% Umsatz (51 h)
d.r. 65:35 (*threo/erythro*)

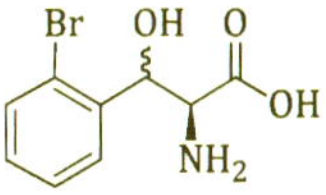

L-117 (2-Br)
69% Umsatz
d.r. 65:35 (*threo/erythro*)
>99% ee

48% Umsatz
d.r. 90:10
(*threo/erythro*)
>99% ee

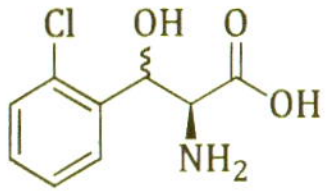

L-139 (2-Cl)
92% Umsatz
d.r. 82:18 (*threo/erythro*)
>99% ee

93% Umsatz
d.r. 80:20
(*threo/erythro*)
>99% ee

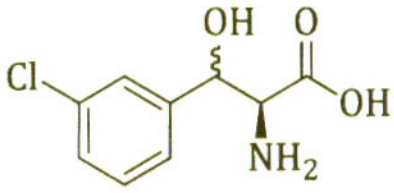

L-144 (3-Cl)
85% Umsatz
d.r. 76:24 (*threo/erythro*)

5% Umsatz
d.r. 53:47
(*threo/erythro*)

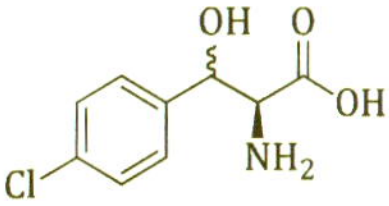

L-145 (4-Cl)
30% Umsatz
d.r. 75:25 (*threo/erythro*)

<5% Umsatz
d.r. n.b.

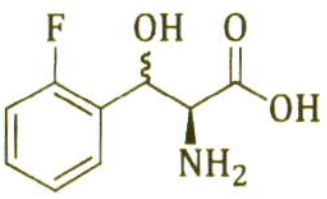

L-135 (2-F)
87% Umsatz
d.r. 75:25 (*threo/erythro*)

29% Umsatz
d.r. 84:16
(*threo/erythro*)

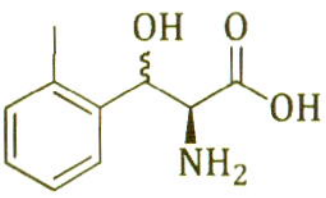

L-136 (2-Me)
24% Umsatz
d.r. 72:28 (*threo/erythro*)

<5% Umsatz
d.r. >90:10
(*threo/erythro*)

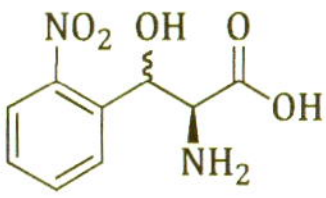

L-137 (2-NO₂)
77% Umsatz
d.r. 70:30 (*threo/erythro*)

52% Umsatz
d.r. 75:25
(*threo/erythro*)

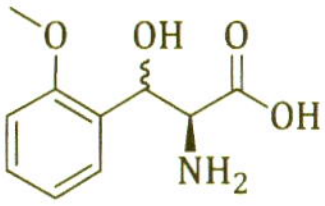

L-147 (2-OMe)
75% Umsatz
d.r. 72:28 (*threo/erythro*)

24% Umsatz
d.r. >95:5
(*threo/erythro*)

Abbildung 92. Produktspektrum der enzymatischen Aldolreaktion

5 Zusammenfassung

Ziel dieser Arbeit war die Etablierung von effizienten Syntheserouten ausgehend von racemischen und achiralen Verbindungen hin zu pharmazeutisch relevanten und optisch reinen Intermediaten. Innerhalb dieser Studie konnten sowohl die enzymatische Racematspaltung von Aminen unter Verwendung der Lipase B aus *Candida antarctica* (CAL-B) als auch die biokatalytische Aldolreaktion von aromatischen Aldehyden zu β-Hydroxy-α-aminosäuren mittels einer L-Threoninaldolase (L-TA) aus *Saccharomyces cerevisiae* eingehend untersucht und optimiert werden.

5.1 Enzymatische Racematspaltung mittels Lipase CAL-B

Die Optimierung der kinetischen Racematspaltung erfolgte zunächst anhand einer detaillierten Studie des Systems von 1-Phenylethylamin (*rac*-2) als nucleophile Komponente und Ethylacetat (3) als Acyldonor zum entsprechenden enantiomerenreinen Amid (*R*)-5. Dabei wurde der Einfluss von Temperatur, Lösungsmittel, sowie der Enzymbeladung erforscht und zudem die Reaktionskinetik unter optimierten Bedingungen dokumentiert.

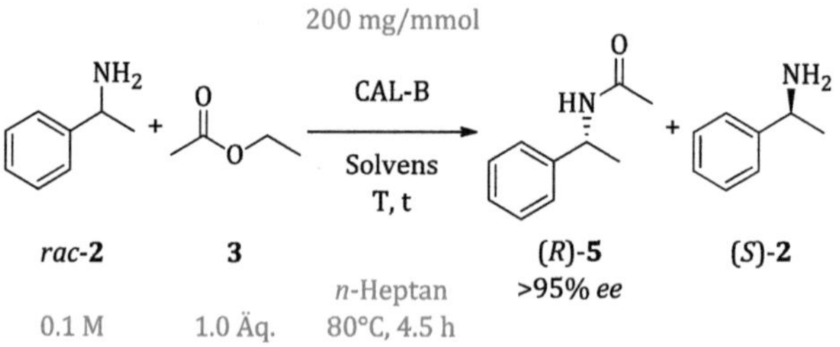

Abbildung 93. Enzymatische Racematspaltung (Standardsystem)

CAL-B ist für die in Abbildung 93 gezeigte Acylierung unter verschiedensten Reaktionsbedingungen ein hochselektiver Biokatalysator, der die Darstellung des entsprechenden Amids (*R*)-5 mit >95% *ee* katalysiert. Bei optimalen

Umsätzen nahe des theoretischen Höchstwertes von 50% werden somit hervorragende Enantioselektivitäten von E >200 erzielt.

Im weiteren Forschungsverlauf wurde eine Methode zum Recycling der immobilisierten Lipase (CAL-B, Novozym 435) etabliert, wobei CAL-B in fünf aufeinanderfolgenden Reaktionen eingesetzt werden konnte. Der Umsatz verminderte sich lediglich um 10% im Laufe dieser Versuche, was auf die hohe Qualität des eingesetzten Katalysators zurückzuführen ist.

Die Untersuchung ausgewählter Acyldonoren erfolgte im Hinblick auf eine weitere Verbesserung der Racematspaltung mit immobilisierter CAL-B. Dabei wurden sowohl unterschiedliche Ester, als auch Carbonsäuren eingesetzt. Die synthetisierten Produkte weisen weitestgehend Enantiomerenüberschüsse von >90% *ee* auf. Mit Diethylmalonat (**72**) konnte ein bemerkenswerter Anstieg der Reaktivität verzeichnet werden. Bereits nach zehnminütiger Reaktion lag ein Umsatz von 41% vor, wobei das Produkt (*R*)-**73** enantiomerenrein erhalten werden konnte. Die Reaktionen mit diesem Acyldonor sind erheblich schneller als mit anderen Carbonsäureestern und stellen in Anbetracht der Reaktivität und Selektivität eine konkurrenzfähige Alternative zu den literaturbekannten Methoxyacetaten dar, deren Reaktivität durch das Heteroatom in β-Position begründet wurde.[12,16]

Mit der Reaktion von 1-Phenylethylamin (*rac*-**2**) und Diethylmalonat (**72**) gelang es weiterhin die Enzymbeladung von 200 mg/mmol auf 40 mg/mmol herabzusetzen und anschließend die Substratkonzentration von 0.1 M auf 1.0 M zu erhöhen (Abbildung 94). Im Hinblick auf einen Umsatz von nahezu 50% war es durch eine Verlängerung der Reaktionszeit von 4.5 Stunden auf 24 Stunden möglich, die Enzymkonzentration bis auf 10 mg/mmol zu reduzieren, wobei ebenfalls sehr gute *ee*-Werte von >95% erreicht wurden.

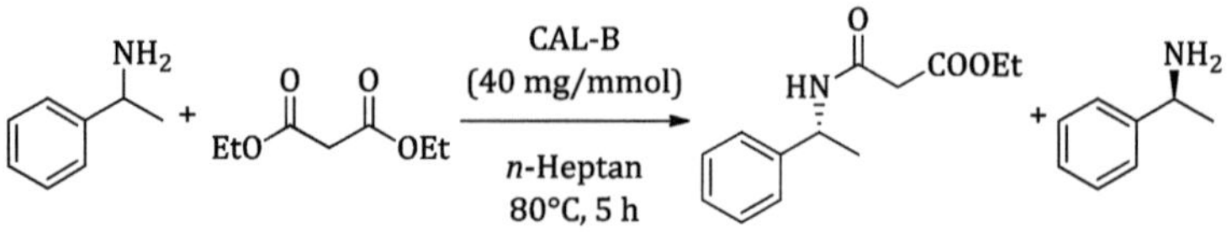

rac-**2**	**72**	43% Umsatz	(*R*)-**73**	(*S*)-**2**
1.0 M	1.0 Äq.	E = 106	96% *ee*	

Abbildung 94. Diethylmalonat (**72**) als Acyldonor

Die Untersuchung weiterer Aminderivate mit bisher verwendeten Acyldonoren bestätigt die Akzeptanz der CAL-B gegenüber einem breiten Substratspektrum. Dabei konnte das bestehende Verfahren des Enzymrecyclings am System von *p*-Bromphenylethylamin (**63**) und Diethylmalonat (**72**) verbessert werden. Der beobachtete Enzymabrieb der einleitenden Versuche wurde hierbei weitestgehend verhindert, was die mehrfache Verwendung des Biokatalysators vereinfachte. Im Anschluss gelang ein erfolgreiches Scale-Up des Enzymansatzes um das Sechsfache auf einen 60 ml-Maßstab.

Die Untersuchung der enzymatischen Racematspaltung erfolgte außerdem anhand des β-Aminosäureesters **75** mit Ethylacetat (**3**), sowie Diethylmalonat (**72**) und Ethylpropionat (**79**) als Acyldonor-Komponenten. Die Optimierung zeigte, dass **79** in Verbindung mit dem Amin-Substrat **75** für diese Reaktion das effektivste Acylierungsreagenz darstellt. Bereits nach zwei Stunden wurde ein Umsatz von 40% erreicht, wobei der Enantiomerenüberschuss des Produkts (*R*)-**77** 88% *ee* beträgt (Abbildung 95).

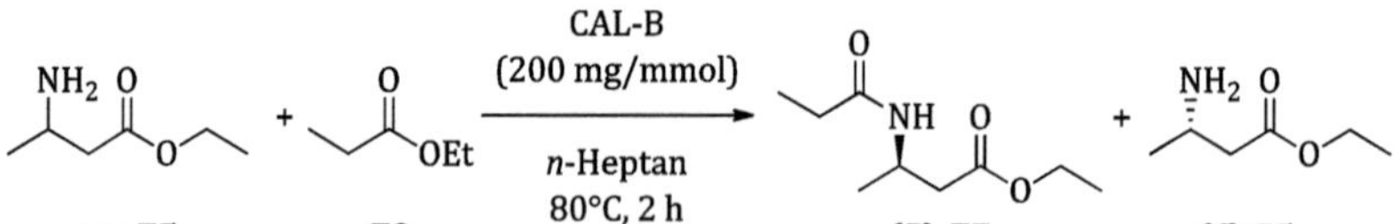

rac-**75**	**79**	(*R*)-**77**	(*S*)-**75**
0.1 M	1.0 Äq.	40% Umsatz	
		88% *ee*	

Abbildung 95. Enzymatische Racematspaltung des β-Aminoesters **75**

Die Untersuchung und Optimierung der enzymatischen Racematspaltung gelang anhand eines breiten Substratspektrums, wobei sowohl unterschiedliche Amin-

Komponenten als auch Acylierungsreagenzien eingesetzt werden konnten. Die entsprechenden (R)-Amide wurden enantiomerenrein synthetisiert, was die immobilisierte CAL-B als hochselektiven Katalysator ausweist. Zudem wurden auch nach längerer Reaktionszeit kaum Umsätze über 50% erhalten, was zu sehr hohen Enantioselektivitäten führt und wiederum für die Qualität der eingesetzten Lipase spricht. Als attraktiver Acyldonor zeigte sich Diethylmalonat (**72**) mit dessen Einsatz die Reaktionsrate enorm gesteigert werden konnte.

5.2 Enzymatische Aldolreaktion mittels L-Threoninaldolase

Die einstufige Synthese von β-Hydroxy-α-aminosäuren aus aromatischen Aldehyden als Akzeptor- und Glycin (**1**) als Donor-Komponente wurde eingehend untersucht. Anhand der im Arbeitskreis bereits etablierten Reaktionsbedingungen mittels L-TA aus *E. coli*[102] wurde die Aldolreaktion unter Verwendung einer L-TA aus *S. cerevisiae* durchgeführt. Die Standardreaktion von Benzaldehyd (**13**) mit Glycin (**1**) zu L-Phenylserin (L-**14**) ist in Abbildung 96 dargestellt.

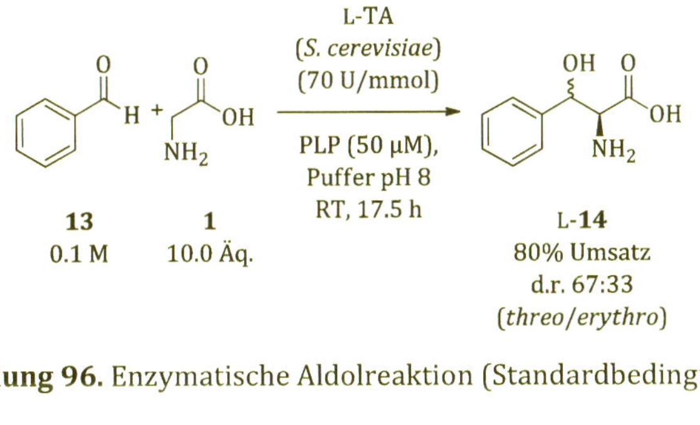

Abbildung 96. Enzymatische Aldolreaktion (Standardbedingungen)

Einleitend wurde gezeigt, dass zwei Möglichkeiten zur Bestimmung des Umsatzes herangezogen werden können – die Derivatisierung der Produkte[101] bzw. der Einsatz eines NMR-Standards[102] – und dass für die Reaktion die Zugabe des Cofaktors PLP notwendig ist.

Anschließend wurde anhand von Chlorbenzaldehyden der Einfluss des Substitutionsmusters bezüglich des Umsatzes und der Enantio- sowie Diastereoselektivitäten untersucht. Dabei zeigte sich der *ortho*-substituierte Benzaldehyd **141** als reaktivstes Substrat und lieferte das entsprechende Phenylserinderivat L-**139** mit einem Umsatz von 92%, >99% *ee* und einem hervorragenden Diastereomerenverhältnis von d.r. (*threo/erythro*) = 82:18.

Daraufhin wurden weitere *ortho*-substituierte Benzaldehyde für die enzymatische Aldolreaktion mit Aldehydkonzetrationen von 100 mM und 250 mM eingesetzt. Obwohl die Umsätze bei höherer Konzentration geringer waren, wiesen einige Produkte sehr gute Diastereomerenverhältnisse von d.r. (*threo/erythro*) >80:20 auf. Der Einsatz von *o*-Brombenzaldehyd (**131**) lieferte entsprechendes L-Phenylserinderivat L-**117** mit 48% Umsatz, >99% *ee* und d.r. (*threo/erythro*) = 90:10 (Abbildung 97). Mit Verlängerung der Reaktionszeit von 17.5 Stunden auf 66 Stunden konnte der Umsatz weiter auf 75% gesteigert werden. Dies führte zwar zu einer Verringerung des Diastereomerenverhältnisses auf d.r. (*threo/erythro*) = 78:22, stellt jedoch im Vergleich zu den Literaturergebnissen eine Verbesserung dar, da mit aromatischen Aldehyden unter Verwendung von L-Threoninaldolasen relativ selten hohe Diastereomerenüberschüsse erzielt werden.[92,93]

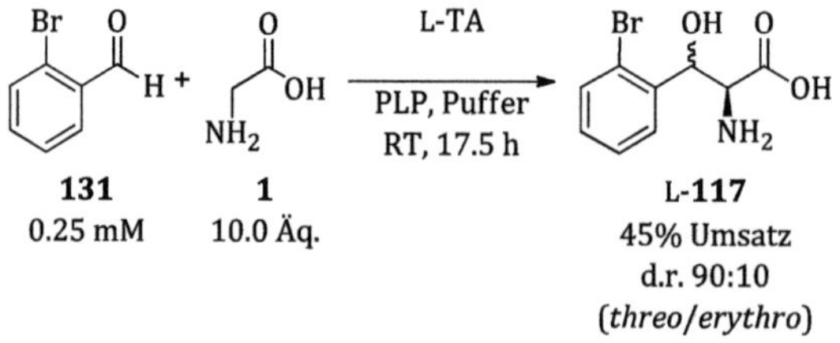

Abbildung 97. Enzymatische Aldolreaktion mit **131**

Der Einsatz der L-Threoninaldolase aus *S. cerevisiae* zeigt großes Potential bei der Synthese von β-Hydroxy-α-aminosäuren ausgehend von aromatischen Aldehyden und Glycin (**1**) als Donor. Im Hinblick auf die Diastereoselektivität des Biokatalysators konnten sehr gute Ergebnisse von d.r. (*threo/erythro*) >80:20 erzielt werden.

6 Summary

The aim of this work was the progress of efficient synthetic pathways towards the preparation of significant and optically pure pharmaceutical intermediates starting from racemic or achiral compounds. Within this study an enzymatic resolution of amines by means of the lipase B from *Candida antarctica* (CAL-B) as well as the enzymatic aldol reaction of benzaldehyde derivatives to β-hydroxy-α-amino acids with L-threonine aldolase (L-TA) from *Saccharomyces cerevisiae* has been investigated and optimized.

6.1 Enzymatic resolution with lipase CAL-B

The detailed study of kinetic resolution optimization was performed by means of a model reaction. Therefore 1-phenylethylamine (*rac*-**2**) was established as nucleophilic compound and ethyl acetate (**3**) as acylating agent forming the corresponding enantiomerically pure amide (*R*)-**5**. The variation of temperature, solvent and catalyst amount was investigated as well as the kinetic analysis of the reaction by means of optimized conditions. CAL-B is proven to be a highly selective biocatalyst for enzymatic acylation process with several reaction conditions (Scheme 1) leading to excellent enantiomeric excesses of the synthesized amides (*R*)-**5** (>95% *ee*). With conversions around 50% (theoretically highest value), enantiomeric ratios of E >200 can be reached.

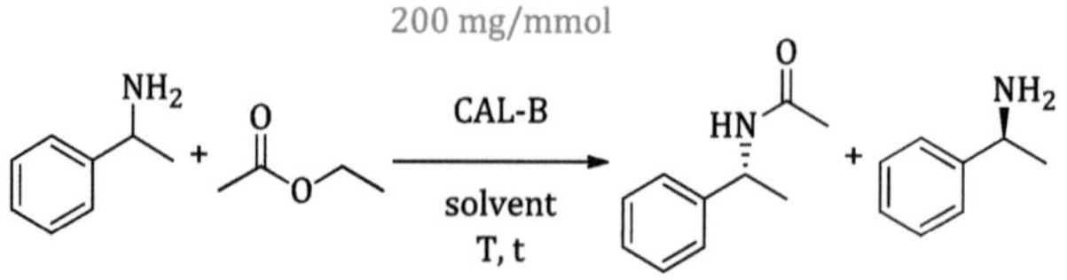

rac-**2** | **3** | (*R*)-**5** | (*S*)-**2**

0.1 M | 1.0 eq. | *n*-heptane 80°C, 4.5 h | >95% *ee*

Scheme 1. Enzymatic resolution (benchmark process)

Attention was also paid to the recycling of the immobilized enzyme (CAL-B, Novozym 435). The established process led to five reactions with one charge of CAL-B and merely a small decrease of the conversion (10%) during this experiment. This result refers to the quality of the catalyst.

The screening of selected acyl donors was applied with the purpose to improve the kinetic resolution of amines using immobilized CAL-B catalyst. Hereby, different esters as well as free carboxylic acids have been applied to create a broad product spectrum with predominantly enantioselectivities of >90% *ee*. The study demonstrated an increasing reaction rate by means of diethyl malonate (**72**) as acylating agent. After ten minutes reaction time the detected conversion was already 41% yielding optically pure amide (*R*)-**73**. This acyl donor (**72**) is a very good alternative to the methoxyacetates described in literature, which have so far been unequaled regarding reactivity and selectivity. The high reaction rate is established due to their heteroatom in β-position.[12,16]

By means of the reaction with 1-phenylethylamine (*rac*-**2**) and diethyl malonate (**72**) it was possible to lower the catalyst loading from 200 mg/mmol to 40 mg/mmol and to raise the substrate concentration from 0.1 M to 1.0 M subsequently (Scheme 2). Considering a conversion of nearly 50% it was possible to decrease the enzyme concentration to 10 mg/mmol by extending the reaction time from 4.5 hours to 24 hours leading also to excellent *ee* values of >95%.

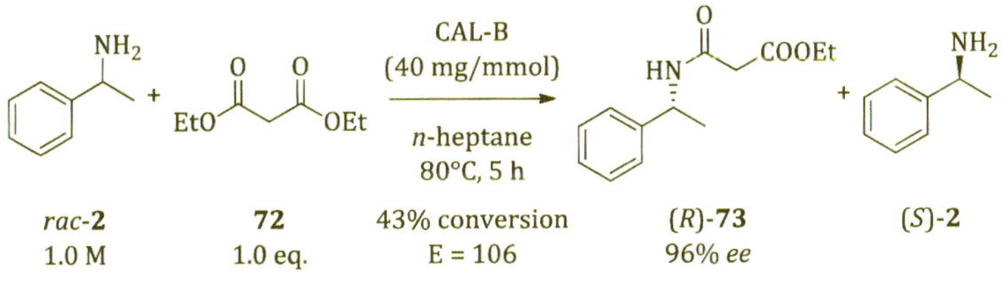

Scheme 2. Diethyl malonate (**72**) as acylating agent

The acceptance of CAL-B compared to a broad substrate range was shown by the application of different amine derivatives and acyl donors. Meanwhile, the existing recycling process has been improved with the system containing 1-(4-bromophenyl)ethylamine (**63**) and diethyl malonate (**72**). The abrasion of enzyme occurring with initial studies has mainly been prevented and thus the repeated use of the lipase was simplified. Furthermore the six-fold scale-up of the enzymatic batch to 60 ml scale has successfully been performed.

Moreover, β-aminoacid ester **75** was converted with ethyl acetate (**3**) as well as diethyl malonate (**72**) and ethyl propionate (**79**) optimizing the reaction conditions. The most effective acylating agent in association with amine substrate **75** for this reaction system is **79** leading to a conversion of 40% and a good enantioselectivity of 88% *ee* for resulting product (*R*)-**77** already after two hours (Scheme 3).

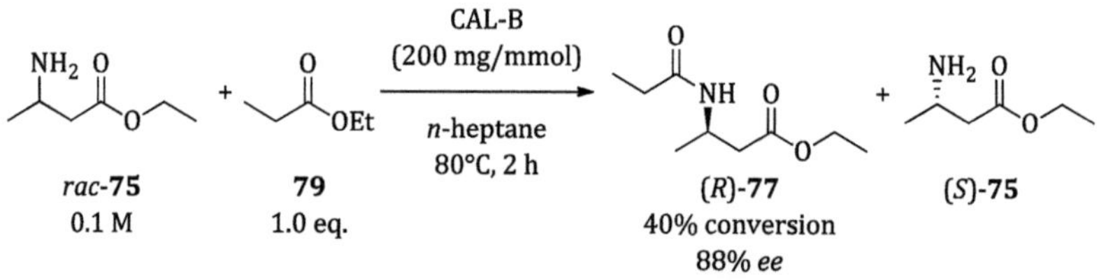

Scheme 3. Enzymatic resolution of β-amino ester **75**

The investigation and optimization of enzymatic kinetic resolution allows the use of a broad substrate range for both amine derivative and acylating agent. The corresponding (*R*)-amides were received as enantiomerically pure compounds, what led to immobilized CAL-B as highly selective catalyst. Another merit for the enzyme quality and the resulting high enantiomeric ratios is that the conversions rarely reach more than 50% even after a longer reaction time. A key progress of this thesis comparable to known literature was the high reaction rate introducing diethyl malonate (**72**) as acyl donor.

6.2 Enzymatic aldol reaction with L-threonin aldolase

The direct synthesis of β-hydroxy-α-amino acids from aromatic aldehyde as acceptor molecule and glycine (**1**) as donor compound was elaborated by means of a L-TA from *S. cerevisiae* and optimized reaction conditions established by our working group using L-TA from *E. coli*.[102] Standard reaction of benzaldehyde (**13**) and glycine (**1**) to L-phenylserine (L-**14**) is represented in Scheme 4.

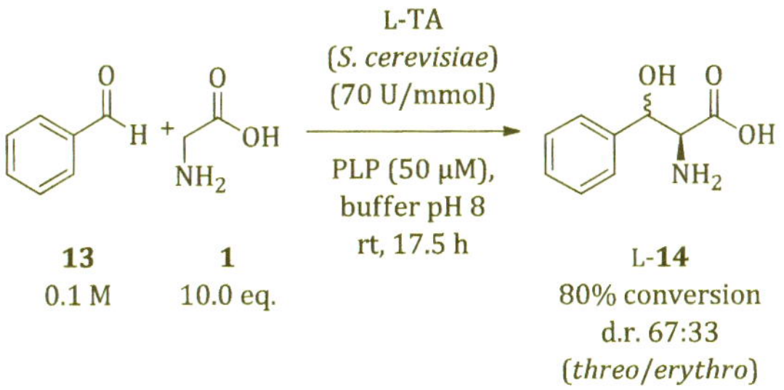

Scheme 4. Enzymatic aldol reaction (benchmark conditions)

Initial studies showed that two possible procedures can be applied for the detection of the conversions: derivatization of the products[101] and the use of a NMR standard[102], respectively. Besides, the addition of PLP as a cofactor is essential for the enzymatic aldol reaction.

Subsequent the influence of the substitution pattern on the conversion, enantio- and diastereoselectivity drawing on the example of chlorobenzaldehydes has been tested leading to *ortho*-substituted benzaldehyde **141** as the best choice. The resulting L-chlorophenylserin L-**139** was obtained with a conversion of 92%, 99% *ee* and an excellent diastereomeric ratio of d.r. (*threo/erythro*) = 82:18.

For this reason further *ortho*-substituted benzaldehydes have been applied in the enzymatic aldol reaction with aldehyde concentrations of 100 mM as well as 250 mM. The conversions decreased with higher substrate loading but several products are yielded with high diastereomeric ratios of d.r. (*threo/erythro*)

>80:20. The *o*-bromobenzaldehyde (**131**) is converted with 48% to the corresponding L-**117** displaying 99% *ee* and d.r. (*threo*/*erythro*) = 90:10 (Scheme 5). The extension of the reaction time from 17.5 hours to 66 hours increased the conversion to 75%. This led to a decrease of the diastereomeric ratio to d.r. (*threo*/*erythro*) = 78:22, however, with aromatic aldehydes and L-specific threonine aldolases high diastereomeric excesses are rarely achieved according to literature.[92,93]

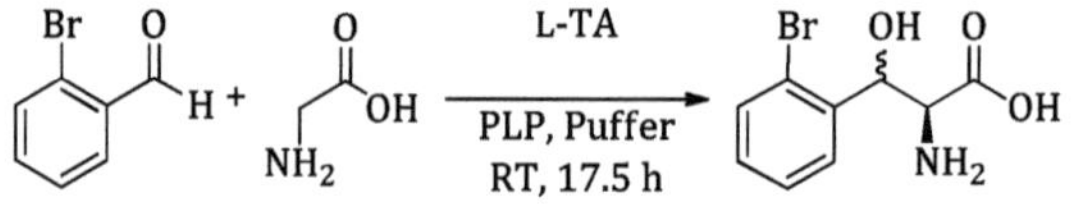

131
0.25 M

1
10.0 eq.

L-**117**
45% conversion
d.r. 90:10
(*threo*/*erythro*)

Scheme 5. Enzymatic aldol reaction with **131**

The application of L-threonine aldolase from *S. cerevisiae* shows an enormous potential for the synthesis of β-hydroxy-α-amino acids starting from aromatic aldehydes and glycine (**1**) as donor molecule. Regarding the diastereoselectivity of the biocatalyst, very good results of d.r. (*threo*/*erythro*) >80:20 can be obtained.

7 Experimenteller Teil

7.1 Verwendete Chemikalien und Geräte

Chemikalien:

Die für diese Doktorarbeit verwendeten käuflichen Chemikalien wurden von ABCR®, Acros Organics®, Sigma-Aldrich®, Fisher Scientific® und Fluka® bezogen und ohne weitere Reinigung eingesetzt.

Das Lösungsmittel MTBE wurde als Hochschulspende von Evonik Degussa GmbH zur Verfügung gestellt. Alle weiteren Lösungsmittel wurden vor Gebrauch destilliert.

Hexan wird als Isomerengemisch eingesetzt und im Folgenden als Isohexan bezeichnet.

Enzyme:

Candida antarctica Lipase B (CAL-B) in immobilisierter Form (Novozym 435) wurde von der Evonik Degussa GmbH zur Verfügung gestellt oder bei Sigma-Aldrich® käuflich erworben.

L-Threoninaldolase aus *S. cerevisiae* wurden im Arbeitskreis von Prof. Dr. W. Hummel (Universität Düsseldorf, Institut für molekulare Enzymtechnologie, Forschungszentrum Jülich) entwickelt und für diese Arbeit zur Verfügung gestellt. L-TA aus *E. coli* wurde von evocatal GmbH zur Verfügung gestellt.

NMR-Spektroskopie:

Die ^{1}H- und ^{13}C-NMR-Spektren wurden auf einem Bruker Avance 300 bzw. 400, JEOL JNM GX 400 oder JEOL JNM EX 400 NMR-Spektrometer aufgenommen. Alle Spektren wurden bei Raumtemperatur gemessen. Die chemischen Verschiebungen (δ) der ^{1}H-NMR-, ^{13}C-NMR-Spektren sind in [ppm] relativ zu Tetramethylsilan (TMS) angegeben. Spinmultiplizitäten werden als s (Singulett), d (Dublett), dd (dupliziertes Dublett), t (Triplett), q (Quartett), qui

(Quintett) und m (Multiplett) angegeben. Die erhaltenen Daten wurden mit der Software Delta (NMR Processing and Control, Version 4.3.6) von Jeol USA, Inc. analysiert.

Die Umsatzbestimmung (C) erfolgt anhand der Integralflächen der Signale von Produkt (P) und Substrat (S) analog der Gleichung: $C = \frac{\int P}{\int S + \int P}$.

IR-Spektroskopie:

Die Infrarot-Spektren wurden mit einem ASI React IR®-1000-Spektrometer bzw. mit einem Nicolet IR 100 FT-IR-Spektrometer der Firma Thermo Scientific® aufgenommen. Die Absorption wird als Wellenzahl $\tilde{v}$ in [cm^{-1}] angegeben.

Massenspektrometrie (FAB-MS, EI-MS, Maldi-TOF):

Die Massenspektrometrie wurde am Micromass Zabspec-Spektrometer im FAB-Modus mit *m*-Nitrobenzylalkohol (NBA) als Matrix, am Finnigan MAT 95 XP-Spektrometer der Firma Thermo Electron Corporation® im EI-Modus oder am Biotech Axima Confidence Gerät der Firma Shimadzu im MALDI-Modus mit Sinapinsäure (sin) bzw. 2,5-Dihydroxybenzoesäure (dhb) als Matrix gemessen.

Schmelzpunkt:

Die Bestimmung der Schmelzpunkte wurde am Appendix B IA 9100 der Firma Electrothermal durchgeführt.

Elementaranalyse (EA):

Die Elementaranalyse wurde am EA 1119 CHNS der Firma CE Instruments durchgeführt.

HPLC:

Die Spektren wurden mit einem LC-Net II / ADC Gerät und Pumpen (PU-1587) der Firma JASCO bzw. am System CBM-10A und Pumpen (LC-10AT) der Firma SHIMADZU aufgenommen. Die Trennung der Proben erfolgte mit Säulen von Daicel Chiralpak® (OJ-H und AD-H).

7.2 Synthesen und spektroskopische Daten

7.2.1 Enantioselektive Racematspaltung von Aminen

7.2.1.1 Allgemeine Arbeitsvorschrift 1 (AAV 1): Racematsynthese acylierter Amine mit Säurechloriden

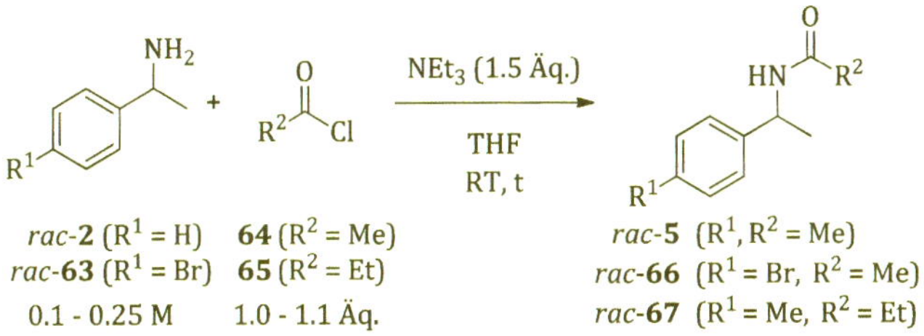
NH2
R1
+
O
R2
Cl
NEt3 (1.5 Äq.)
THF
RT, t
O
HN
R2
R1
rac-2 (R1 = H)
rac-63 (R1 = Br)
0.1 - 0.25 M
64 (R2 = Me)
65 (R2 = Et)
1.0 - 1.1 Äq.
rac-5 (R1, R2 = Me)
rac-66 (R1 = Br, R2 = Me)
rac-67 (R1 = Me, R2 = Et)

Abbildung 98. Racematsynthese (I) mit Säurechloriden

Zu racemischem Amin (*rac*-**2** bzw. *rac*-**63**, 100 mM – 250 mM) in THF werden entsprechendes Säurechlorid (**64** bzw. **65**, 1.1 Äq.) und Triethylamin (1.5 Äq.) gegeben und bei RT, sowie für die angegebene Reaktionszeit gerührt. Der Niederschlag an Triethylammoniumsalz wird abfiltriert, THF im Vakuum entfernt und der Umsatz mittels ^{1}H-NMR-Spektroskopie bestimmt. Das Rohprodukt wird mittels HCl (1 M) auf pH 1 – 2 angesäuert. Anschließend wird mit DCM extrahiert (3x), die vereinten organischen Phasen über $MgSO_4$ getrocknet und das Lösungsmittel im Vakuum entfernt, um das isolierte Produkt zu erhalten.

7.2.1.1.1 Synthese von *rac*-1-Phenylethylacetamid (*rac*-5)

Die Synthese erfolgt analog der AAV 1. Zu *rac*-1-Phenylethylamin (*rac*-**2**, 10.0 mmol, 1.3 ml) in THF (50.0 ml) werden Acetylchlorid (**64**, 10.1 mmol, 721.0 µl) und Triethylamin (15.0 mmol, 2.1 ml) gegeben und bei RT für 40 Stunden gerührt. Die Aufarbeitung erfolgt gemäß der allgemeinen

Arbeitsvorschrift durch Extraktion mit DCM. Das Produkt wird als fahlgelber Feststoff erhalten. Umsatz: 90%, Ausbeute: 10% (154.0 mg, 1.0 mmol).

rac-5
$C_{10}H_{13}NO$
M = 163.22 g/mol

^{1}H-NMR (400 MHz, CDCl$_3$): δ (ppm) = 1.46 (d, ^3J = 7.00 Hz, 3 H, H-8), 1.96 (s, 3 H, H-11), 5.13 (qui, ^3J = 7.00 Hz, ^3J = 7.34 Hz, 1 H, H-7), 6.17 (s, br, 1 H, H-9), 7.21 – 7.35 (m, 5 H, H^{ar}). ^{13}C-NMR (100 MHz, CDCl$_3$): δ (ppm) = 22.08 (C-8), 23.80 (C-11), 49.25 (C-7), 126.62 (C^{ar}), 126.80 (C^{ar}), 127.81 (C^{ar}), 129.09 (C^{ar}), 129.32 (C^{ar}), 143.48 (C-1), 169.78 (C-10). MS (FAB, NBA): m/z (%) = 164 (56) [M$^+$], 154 (86), 124 (37), 115 (42), 107 (100). HPLC: AD-H-Säule, 95:5 (Isohexan/i-PrOH, v/v), 210 nm, flow: 0.8 ml/min, t$_r$ = 11.3 min (R), 14.1 min (S), ee-Wert: <2%.

Die analytischen Daten stimmen mit den Vergleichsdaten der Literatur überein.[103]

7.2.1.1.2 Synthese von rac-N-(1-(4-Bromphenyl)ethyl)acetamid (rac-66)

Die Synthese erfolgt analog der AAV 1. Zu rac-1-(4-Bromphenyl)ethylamin (rac-**63**, 1.0 mmol, 144.0 µl) in THF (10.0 ml) werden Acetylchlorid (**64**, 1.0 mmol, 108.6 µl) und Triethylamin (1.5 mmol, 138.0 µl) gegeben und bei RT für 75 Stunden gerührt. Die Aufarbeitung erfolgt gemäß der allgemeinen Arbeitsvorschrift durch Extraktion mit DCM. Das Produkt wird als fahlgelber Feststoff erhalten. Umsatz: 98%, Ausbeute: 74% (180.0 mg, 0.7 mmol).

rac-**66**
$C_{10}H_{12}BrNO$
M = 242.11 g/mol

¹H-NMR (400 MHz, CDCl₃): δ (ppm) = 1.46 (d, ^3J = 6.96 Hz, 3 H, H-8), 2.01 (s, 3 H, H-11), 5.05 – 5.11 (m, 1 H, H-7), 5.87 (s, br, 1 H, H-9), 7.19 (d, ^3J = 8.42 Hz, 2 H, H-2, H-6), 7.46 (d, ^3J = 8.42 Hz, 2 H, H-3, H-5). ¹³C-NMR (100 MHz, CDCl₃): δ (ppm) = 21.63 (C-8), 23.63 (C-11), 48.23 (C-7), 121.07 (C-4), 127.90 (C-3, C-5), 131.66 (C-2, C-6), 142.32 (C-1), 169.13 (C-10). IR (ATR): v_{max} (cm⁻¹) = 3285.48, 1645.68, 1552.82, 1490.08, 1365.98, 1135.34, 832.18, 739.39, 614.40. MS (EI): m/z (%) = 243 [M⁺] (26), 241 (25), 228 (20), 226 (20), 200 (12), 198 (12), 184 (100), 103 (51), 77 (48), 51 (23). EA (C₁₀H₁₂BrNO): berechnet C: 49.61%, H: 5.00%, N: 5.79%, gefunden C: 49.99%, H: 5.07%, N: 5.65%. HPLC: AD-H-Säule, 95:5 (Isohexan/i-PrOH, v/v), 210 nm, flow: 0.8 ml/min, t_r = 13.8 min (R), 18.6 min (S), ee-Wert: <1%.

Die analytischen Daten stimmen mit den Vergleichsdaten aus der Literatur überein.[104]

7.2.1.1.3 Synthese von *rac-N-*(1-Phenylethyl)propionsäureamid (*rac-*67)

Die Synthese erfolgt analog der AAV 1. Zu *rac*-1-Phenylethylamin (*rac-***2**, 3.0 mmol, 386.8 µl) in THF (12.0 ml) werden Propionylchlorid (**65**, 3.0 mmol, 261.8 µl) und Triethylamin (4.5 mmol, 623.8 µl) gegeben und bei RT für 41 Stunden gerührt. Die Aufarbeitung erfolgt gemäß der allgemeinen Arbeitsvorschrift durch Extraktion mit DCM. Das Produkt wird als gelber Feststoff erhalten. Umsatz: >95%, Ausbeute: 67% (356.3 mg, 2.0 mmol).

*rac-*67
C₁₁H₁₅NO
M = 177.24 g/mol

¹H-NMR (400 MHz, CDCl₃): δ (ppm) = 1.17 (t, ^3J = 7.60 Hz, 3 H, H-12), 1.50 (d, ^3J = 6.80 Hz, 3 H, H-8), 2.21 (d, ^3J = 7.60 Hz, 2 H, H-11), 5.13 (qui, ^3J = 6.80 Hz,

1 H, H-7), 5.66 (s, br, 1 H, H-9), 7.23 - 7.38 (m, 5 H, H^{ar}). ^{13}C-NMR (100 MHz, $CDCl_3$): δ (ppm) = 9.77 (C-12), 21.69 (C-8), 29.72 (C-11), 48.52 (C-7), 126.12 (C^{ar}), 127.26 (C^{ar}), 128.60 (C^{ar}), 143.28 (C-1), 172.74 (C-10). MS (EI): m/z (%) = 177 [M] (42), 162 (16), 120 (33), 106 (100), 77 (21). HPLC: AD-H-Säule, 95:5 (Isohexan/*i*-PrOH, v/v), 233 nm, flow: 0.8 ml/min, t_r = 30.5 min (*R*), 41.4 min (*S*), *ee*-Wert: <2%.

Die analytischen Daten stimmen mit den Vergleichsdaten aus der Literatur überein.[105]

7.2.1.2 Allgemeine Arbeitsvorschrift 2 (AAV 2): Racematsynthese acylierter Amine mit Sulfonylester 69

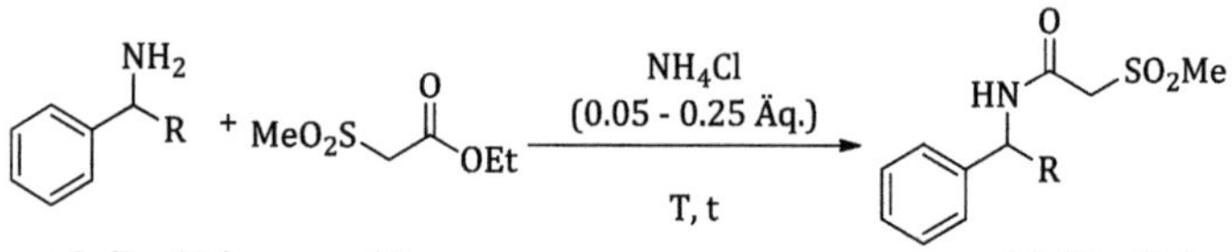

rac-**2** (R = Me) *rac*-**68** (R = Et) — **69** 0.1 - 0.5 Äq. — *rac*-**70** (R = Me) *rac*-**71** (R = Et)

Abbildung 99. Racematsynthese (II) mit Sulfonylester **69**

Racemisches Amin (*rac*-**2** bzw. *rac*-**68**), Methylsuflonylessigsäureethylester (**69**, 0.1 – 0.5 Äq.) und Ammoniumchlorid (0.05 bzw. 0.25 Äq.) werden zusammengegeben und bei angegebener Temperatur und genannter Reaktionszeit gerührt und anschließend der Umsatz mittels ^{1}H-NMR-Spektroskopie bestimmt. Das Rohprodukt wird mittels HCl (1 M) auf pH 1 - 2 angesäuert. Anschließend wird mit Ethylacetat extrahiert (3x), die vereinten organischen Phasen über $MgSO_4$ getrocknet und das Lösungsmittel im Vakuum entfernt, um das isolierte Produkt zu erhalten.

7.2.1.2.1 Synthese von *rac*-2-(Methylsulfonyl)-*N*-(1-phenylethyl)-acetamid (*rac*-70)

Die Synthese erfolgt analog der AAV 2. Racemisches 1-Phenylethylamin (*rac*-2, 15.0 mmol, 1.9 ml) und Acyldonor **69** (1.5 mmol, 197.9 µl), sowie Ammoniumchlorid (0.75 mmol, 40.1 mg) werden zusammengegeben und bei 80°C für 48 Stunden gerührt. Die Aufarbeitung erfolgt gemäß der allgemeinen Arbeitsvorschrift durch Extraktion mit Ethylacetat. Das Produkt wird als weißer Feststoff erhalten. Umsatz: 35%, Ausbeute: 18% (65.2 mg, 0.3 mmol).

rac-70
$C_{11}H_{15}NO_3S$
M = 241.31 g/mol

^{1}H-NMR (400 MHz, CDCl$_3$): δ (ppm) = 1.55 (d, ^3J = 6.96 Hz, 3 H, H-8), 2.99 (s, 3 H, H-12), 3.86 (d, ^2J = 4.56 Hz, 2 H, H-11), 5.13 (qui, ^3J = 7.04 Hz, ^3J = 7.28 Hz, 1 H, H-7), 6.63 (s, br, 1 H, H-9), 7.27 – 7.53 (m, 5 H, H^{ar}). ^{13}C-NMR (100 MHz, CDCl$_3$): δ (ppm) = 21.69 (C-8), 40.99 (C-12), 49.92 (C-7), 60.98 (C-11), 126.01 (C^{ar}), 127.72 (C^{ar}), 128.83 (C^{ar}), 142.16 (C-1), 160.25 (C-10). IR (ATR): v_{max} (cm^{-1}) = 3264.39, 1649.34, 1560.75, 1416.50, 1326.30, 1132.61, 1108.73, 709.41, 627.18. MS (EI): m/z (%) = 242 (17) [M$^+$], 154 (23), 136 (20), 122 (100). HPLC: AD-H-Säule, 95:5 (Isohexan/*i*-PrOH, v/v), 210 nm, flow: 1.0 ml/min, t$_r$ = 39.7 min (*R*), 52.7 min (*S*), *ee*-Wert: <1%.

7.2.1.2.2 Synthese von *rac*-2-(Methylsulfonyl)-*N*-(1-phenylpropyl)-acetamid (*rac*-71)

Die Synthese erfolgt analog der AAV 2. Racemisches 1-Phenylpropylamin (*rac*-**68**, 1.0 mmol, 144.1 µl) und Acyldonor **69** (0.5 mmol, 66.0 µl), sowie Ammoniumchlorid (0.25 mmol, 13.4 mg) werden zusammengegeben und bei

80°C für 24 Stunden gerührt. Die Aufarbeitung erfolgt gemäß der allgemeinen Arbeitsvorschrift durch Extraktion mit Ethylacetat. Das Produkt wird als gelbes Öl erhalten. Umsatz: 21%.

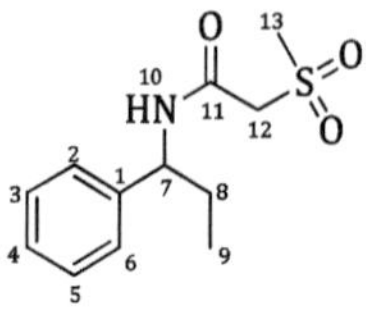

rac-**71**
$C_{12}H_{17}NO_3S$
M = 255.33 g/mol

^{1}H-NMR (400 MHz, CDCl$_3$): δ (ppm) = 0.88 – 0.93 (m, 3 H, H-9), 1.82 – 1.87 (m, 2 H, H-8), 2.93 (s, 3 H, H-13), 3.83 – 3.86 (m, 2 H, H-12), 4.85 (q, ^3J = 7.46 Hz, ^3J = 7.83 Hz, 1 H, H-7), 6.61 (d, br, ^3J = 7.83 Hz, 1 H, H-10), 7.26 – 7.70 (m, 5 H, H^{ar}). ^{13}C-NMR (100 MHz, CDCl$_3$): δ (ppm) = 10.92 (C-9), 32.34 (C-8), 41.58 (C-13), 57.77 (C-7), 59.18 (C-12), 127.06 (C^{ar}), 127.92 (C^{ar}), 128.18 (C^{ar}), 128.50 (C^{ar}), 146.33 (C-1), 163.05 (C-11). IR (ATR): v_{max} (cm^{-1}) = 2966.55, 2360.57, 1603.14, 1368.10, 1264.39, 1113.30, 733.73, 700.74. MS (EI): m/z (%) = 222 (11), 117 (19), 106 (100), 77 (26). HPLC: AD-H-Säule, 95:5 (Isohexan/i-PrOH, v/v), 210 nm, flow: 0.8 ml/min, t$_r$ = 40.9 min (R), 63.7 min (S), ee-Wert: <4%.

7.2.1.3 Allgemeine Arbeitsvorschrift 3 (AAV 3): Racematsynthese acylierter Amine mit Malonester 72

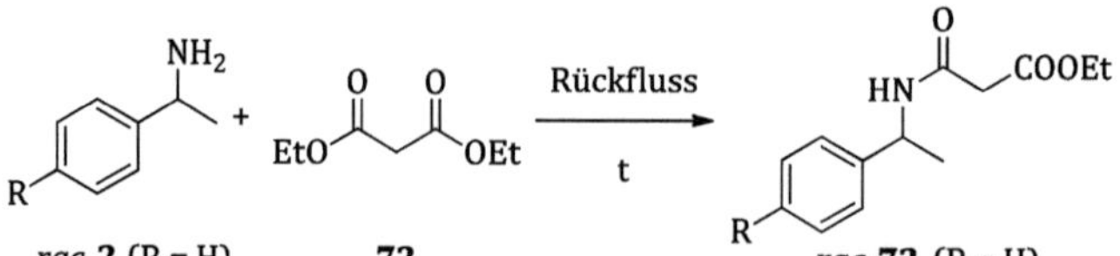

rac-**2** (R = H)
rac-**63** (R = Br)

72
1.0 – 6.0 Äq.

rac-**73** (R = H)
rac-**74** (R = Br)

Abbildung 100. Racematsynthese (III) mit Malonester **72**[106]

Das entsprechende Amin (rac-**2** bzw. rac-**63**) und Diethylmalonat (**72**, 1.0 – 6.0 Äq.) werden zusammengegeben und unter Rückfluss für die angegebene Reaktionszeit erhitzt. Nach Abkühlen der Reaktionslösung wird der Umsatz mittels ¹H-NMR-Spektroskopie ermittelt. Die Extraktion erfolgt mit DCM (3x) nach Ansäuern mit HCl (1 M – 5 M) auf pH 1. Die vereinten organischen Phasen werden über MgSO₄ getrocknet und das Lösemittel im Vakuum entfernt. Das so erhaltene Gemisch aus Produkt *rac*-2 und verbleibendem Acyldonor **72** kann destillativ voneinander getrennt werden, um isoliertes Produkt zu erhalten.

7.2.1.3.1 Synthese von *rac*- *N*-(1-Phenylethyl)-(3-ethoxy-3-oxopropanamid) (*rac*-73)

Die Synthese erfolgt analog der AAV 3.[106] 1-Phenylethylamin (*rac*-2, 2.5 mmol, 322.3 µl) und Diethylmalonat (**72**, 15.0 mmol, 2.3 ml) werden zusammengegeben und unter Rückfluss (Ölbad 180°C) für 3 Stunden erhitzt. Die Aufarbeitung erfolgt gemäß der allgemeinen Arbeitsvorschrift durch Extraktion mit DCM und anschließender Destillation (Ölbad 135°C). Das Produkt wird als gelbes Öl erhalten, Sdp. 79°C (1 atm). Umsatz 91%, Ausbeute 82% (481.0 mg, 2.0 mmol).

rac-73
$C_{13}H_{17}NO_3$
M = 235.28 g/mol

¹H-NMR (400 MHz, CDCl₃): δ (ppm) = 1.29 (t, ^3J = 7.20 Hz, 3 H, H-14), 1.52 (d, ^3J = 7.20 Hz, 3 H, H-8), 3.32 (d, ^2J = 3.20 Hz, 2 H, H-11), 4.21 (q, ^3J = 7.20 Hz, 2 H, H-13), 5.16 (qui, ^3J = 6.80 Hz, ^3J = 7.40 Hz, 1 H, H-7), 7.27 – 7.37 (m, 5 H, H^{ar}), 7.47 (s, br, 1 H, H-9). ¹³C-NMR (100 MHz, CDCl₃): δ (ppm) = 13.77 (C-14), 21.74 (C-8), 41.16 (C-13), 48.65 (C-7), 61.20 (C-11), 125.84 (C^{ar}), 127.02 (C^{ar}), 128.36 (C^{ar}), 142.89 (C-1), 164.01 (C-10), 169.16 (C-12). IR (ATR): v_{max} (cm⁻¹) = 3369.06, 2981.69, 1730.54, 1653.01, 1369.69, 1329.33, 1147.54, 1032.10, 762.31, 675.39. MS (EI): m/z (%) = 235 (100) [M], 220 (41), 190 (32), 176 (57), 160 (35), 147 (30), 132 (69). EA ($C_{13}H_{17}NO_3$): berechnet C: 66.36%, H: 7.28%, N:

5.95%, gefunden C: 65.85%, H: 7.43%, N: 6.00%. HPLC: AD-H-Säule, 95:5 (Isohexan/*i*-PrOH, v/v), 210 nm, flow: 0.8 ml/min, t_r = 15.1 min (*R*), 22.9 min (*S*), *ee*-Wert: <5%.

7.2.1.3.2 Synthese von *rac-N*-(1-(4-Bromphenyl)ethyl)-(3-ethoxy-3-oxopropanamid) (*rac*-74)

Die Synthese erfolgt analog der AAV 3.[106] 1-(4-Bromphenyl)ethylamin (*rac*-63, 7.5 mmol, 1.2 mg) und Diethylmalonat (**72**, 7.5 mmol, 1.4 ml) werden zusammengegeben und unter Rückfluss (Ölbad 145°C) für 4.5 Stunden erhitzt. Die Aufarbeitung erfolgt gemäß der allgemeinen Arbeitsvorschrift durch Extraktion mit DCM, ohne Destillation. Das Produkt wird als gelbes Öl erhalten. Umsatz >95%, Ausbeute 30% (713.1 mg, 2.3 mmol).

rac-74
$C_{13}H_{16}BrNO_3$
M = 314.18 g/mol

^{1}H-NMR (400 MHz, CDCl$_3$): δ (ppm) = 1.31 (t, ^3J = 7.20 Hz, 3 H, H-14), 1.50 (d, ^3J = 7.20 Hz, 3 H, H-8), 3.33 (d, ^2J = 3.60 Hz, 2 H, H-11), 4.22 (q, ^3J = 7.20 Hz, 2 H, H-13), 5.12 (qui, ^3J = 6.80 Hz, ^3J = 7.20 Hz, 1 H, H-7), 7.22 (d, ^3J = 8.34 Hz, 2 H, H^{ar}), 7.48 (d, ^3J = 8.59 Hz, 2 H, H^{ar}), 7.51 (d, ^3J = 7.07 Hz, 1 H, NH-9). ^{13}C-NMR (100 MHz, CDCl$_3$): δ (ppm) = 14.02 (C-14), 21.97 (C-8), 40.85 (C-11), 48.39 (C-7), 61.66 (C-13), 121.12 (C-4), 127.83 (C-2, C-6), 131.74 (C-3, C-5), 142.20 (C-1), 164.08 (C-10), 169.81 (C-12). IR (ATR): v_{max} (cm^{-1}) = 3295.40, 1740.32, 1646.07, 1549.79, 1369.28, 1149.74, 1037.46, 823.55, 718.01, 675.71. MS (Maldi-TOF, dhb): m/z (%) = 314 (41) [M]. EA ($C_{13}H_{16}BrNO_3$): berechnet C: 49.70%, H: 5.13%, N: 4.46%, gefunden C: 50.03%, H: 5.12%, N: 4.67%. HPLC: AD-H-Säule, 95:5 (Isohexan/*i*-PrOH, v/v), 233 nm, flow: 1.0 ml/min, t_r = 24.1 min (*R*), 34.9 min (*S*), *ee*-Wert: <1%.

7.2.1.4 Allgemeine Arbeitsvorschrift 4 (AAV 4): Racematsynthese von β-Amidoestern

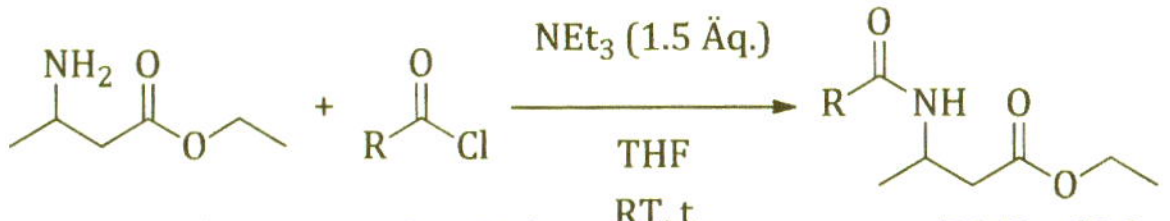

Abbildung 101. Racematsynthese (IV) von β-Amidoestern

Zum β-Aminoester *rac*-75 (100 mM – 250 mM) in THF wird das entsprechende Säurechlorid (64 bzw. 65, 1.0 Äq.) und Triethylamin (1.5 Äq.) gegeben und bei Raumtemperatur für die angegebene Zeit gerührt. Das gebildete Ammoniumsalz wird abfiltriert und mit THF gewaschen. Anschließend wird das Lösungsmittel im Vakuum eingeengt und mittels ^{1}H-NMR-Spektroskopie der Umsatz bestimmt. Das Rohprodukt wird in DCM gelöst, mittels HCl (1 M) angesäuert (pH 1) und mit DCM (3x) extrahiert. Die vereinten organischen Phasen werden über MgSO$_4$ getrocknet und im Vakuum entfernt. Das entsprechende isolierte Produkt wird als Feststoff erhalten.

7.2.1.4.1 Synthese von *rac*-3-Acetamidbutansäureethylester (*rac*-76)

Die Synthese erfolgt analog der AAV 4. Zu *rac*-75 (0.2 mmol, 26.7 µl) in THF (2.0 ml) wird Acetylchlorid (64, 0.2 mmol, 21.5 µl) und Triethylamin (0.3 mmol, 27.6 µl) gegeben und für 67 Stunden bei Raumtemperatur gerührt. Das Ammoniumsalz wird abfiltriert und mit THF nachgewaschen. Die Aufarbeitung erfolgt gemäß der allgemeinen Arbeitsvorschrift durch Extraktion mit DCM. Das Produkt wird als weißer Feststoff erhalten. Umsatz: >99%, Ausbeute: 92% (32.1 mg, 0.2 mmol).

rac-76
C₈H₁₅NO₃
M = 173.21 g/mol

¹H-NMR (400 MHz, CDCl₃): δ (ppm) = 1.24 (d, ^3J = 6.80 Hz, 3 H, H-6), 1.28 (t, ^3J = 7.14 Hz, 3 H, H-1), 1.97 (s, 3 H, H-9), 2.52 (dd, ^3J = 5.24 Hz, ^2J = 1.36 Hz, 2 H, H-4), 4.13 – 4.19 (m, 2 H, H-2), 4.33 – 4.40 (m, 1 H, H-5), 6.10 (s, br, 1 H, H-7). ¹³C-NMR (100 MHz, CDCl₃): δ (ppm) = 14.17 (C-1), 19.96 (C-6), 23.49 (C-9), 39.85 (C-4), 41.95 (C-5), 60.61 (C-2), 169.29 (C-3) , 171.86 (C-8). MS (EI): m/z (%) = 173 [M] (11), 162 (10), 158 (10), 145 (11), 130 (99), 128 (42), 116 (51), 105 (53), 86 (100), 73 (19), 69 (57), 58 (21). IR (ATR): v_{max} (cm⁻¹) = 2987.47, 2170.00, 2012.38, 1730.10, 1643.66, 1372.02, 1187.70, 1028.95. HPLC: AD-H-Säule, 98:2 (Isohexan/*i*-PrOH, v/v), 233 nm, flow: 0.8 ml/min, t_r = 28.0 min (*R*), 32.1 min (*S*), *ee*-Wert: <1%.

Die analytischen Daten stimmen mit den Vergleichsdaten aus der Literatur überein.[107]

7.2.1.4.2 Synthese von *rac*-3-Propionamidbuttersäureethylester (*rac*-77)

Die Synthese erfolgt analog der AAV 4. Zu *rac*-75 (3.0 mmol, 400.0 µl) in THF (12.0 ml) wird Propionylchlorid (**65**, 3.0 mmol, 261.8 µl) und Triethylamin (4.5 mmol, 623.8 µl) gegeben und für 16 Stunden bei Raumtemperatur gerührt. Das Ammoniumsalz wird abfiltriert und mit THF nachgewaschen. Die Aufarbeitung erfolgt gemäß der allgemeinen Arbeitsvorschrift durch Extraktion mit DCM. Das Produkt wird als oranger Feststoff erhalten. Umsatz: >95%, Ausbeute: 79% (443.8 mg, 2.4 mmol).

rac-77
C₉H₁₇NO₃
M = 187.24 g/mol

^{1}H-NMR (300 MHz, CDCl$_3$): δ (ppm) = 1.11 (t, ^3J = 7.36 Hz, 3 H, H-1), 1.16 – 1.21 (m, 6 H, H-6, H-10), 2.10 (q, ^3J = 7.50 Hz, 2 H, H-9), 2.43 (t, ^3J = 4.80 Hz, 2 H, H-4), 4.08 (q, ^3J = 7.36 Hz, 2 H, H-2), 4.26 – 4.31 (m, 1 H, H-5), 6.18 (s, br, 1 H, H-7). ^{13}C-NMR (100 MHz, CDCl$_3$): δ (ppm) = 9.77 (C-10), 14.18 (C-1), 20.01 (C-6), 29.85 (C-9), 39.92 (C-4), 41.75 (C-5), 60.59 (C-2), 171.90 (C-3), 172.90 (C-8). MS (EI): m/z (%) = 187 [M] (9), 142 (20), 130 (100), 116 (62), 100 (33), 86 (20), 69 (23), 57 (28). IR (ATR): v_{max} (cm^{-1}) = 2977.60, 2165.61, 1732.38, 1644.22, 1542.17, 1372.81, 1028.19. EA (C$_9$H$_{17}$NO$_3$): berechnet C: 57.73%, H: 9.15%, N: 7.48%, gefunden C: 57.42%, H: 9.32%, N: 7.50%. HPLC: AD-H-Säule, 95:5 (Isohexan/i-PrOH, v/v), 233 nm, flow: 0.8 ml/min, t$_r$ = 11.9 min (R), 12.6 min (S), ee-Wert: <2%.

7.2.1.5 Allgemeine Arbeitsvorschrift 5 (AAV 5): Chemische Acylierung von (S)-2 zur HPLC-Analyse

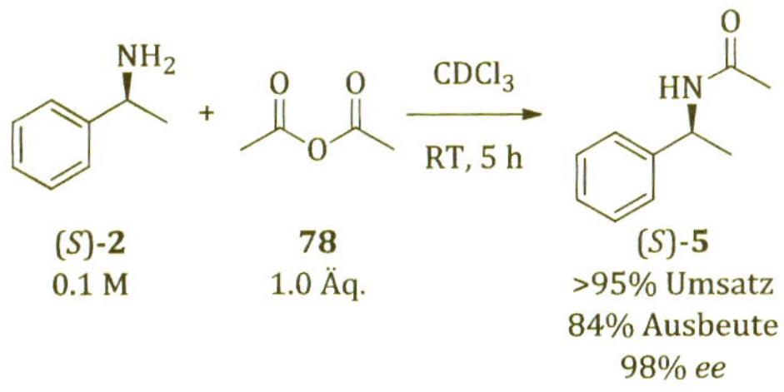

Abbildung 102. Chemische Acylierung von (S)-2[60]

Zum Amin (S)-2 (0.2 mmol, 24.6 µl) in CDCl$_3$ (2.0 ml) wird **78** (0.2 mmol, 18.9 µl) gegeben und für 5 Stunden bei Raumtemperatur gerührt. Der Umsatz wird anschließend mittels ^{1}H-NMR-Spektroskopie bestimmt. Das Rohprodukt wird mittels HCl (2 M) auf pH 1 eingestellt und mit DCM extrahiert (3x). Die vereinten organischen Phasen werden über MgSO$_4$ getrocknet und das Lösungsmittel im Vakuum entfernt. Das Amid wird als fahlgelber Feststoff erhalten. Umsatz: >95%, Ausbeute: 84% (24.7 mg, 0.17 mmol).

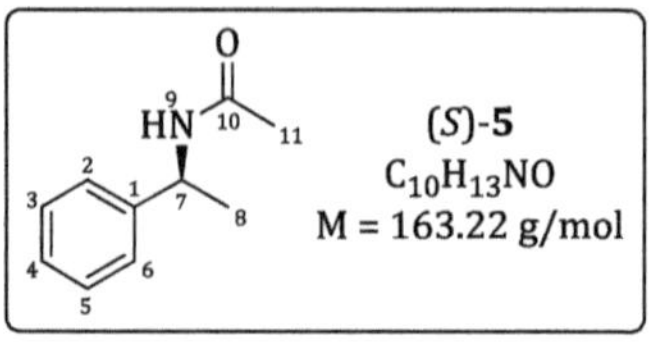

(S)-**5**
C$_{10}$H$_{13}$NO
M = 163.22 g/mol

^{1}H-NMR (400 MHz, CDCl$_3$): δ (ppm) = 1.44 (d, ^3J = 7.00 Hz, 3 H, H-8), 1.97 (s, 3 H, H-11), 5.10 (qui, ^3J = 7.00 Hz, ^3J = 7.34 Hz, 1 H, H-7), 6.22 (s, br, 1 H, H-9), 7.18 – 7.39 (m, 5 H, H^{ar}). HPLC: AD-H-Säule, 95:5 (Isohexan/*i*-PrOH, v/v), 210 nm, flow: 1.0 ml/min, t$_r$ = 8.9 min (*R*), 11.1 min (*S*), *ee*-Wert: 98%.
Die analytischen Daten stimmen mit den Vergleichsdaten aus Abschnitt 7.2.1.1.1 und der Literatur überein.[103]

7.2.1.6 Allgemeine Arbeitsvorschrift 6 (AAV 6): Enzymatische Acylierung von Aminen

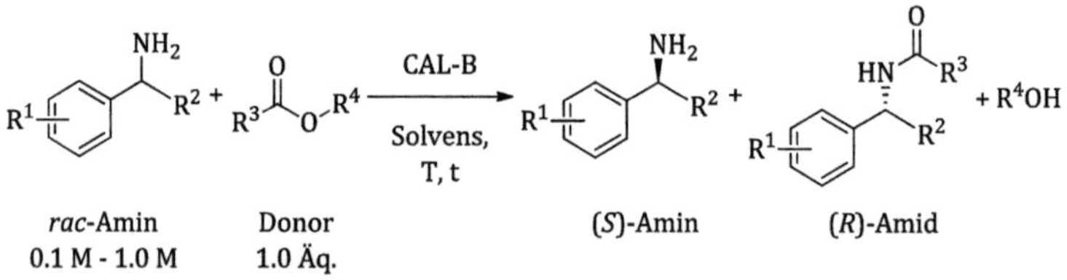

Abbildung 103. Enzymatische Acylierung von Aminen[12]

Zum aromatischen Amin (0.1 M – 1.0 M) in Solvens wird der entsprechende Acyldonor (1.0 Äq.) und die angegebene Menge an Lipase CAL-B (Novozym 435) gegeben. Das Reaktionsgemisch wird bei der gegebenen Temperatur (bei Temperaturen ab 40°C Ölbad vorheizen, ab 60°C mit Rückflusskühler) und der entsprechenden Zeit gerührt. Anschließend wird die Reaktion abgekühlt (etwa 5 Minuten), das Enzym abfiltriert und mit DCM reichlich nachgewaschen. Aus dem Rohprodukt wird nach Entfernen des Lösungsmittels im Vakuum der Umsatz mittels ^{1}H-NMR-Spektroskopie bestimmt. Dabei werden alle isoliert auftretenden Signalflächen von Substrat und Produkt integriert und ins

Verhältnis gesetzt (siehe auch 7.1). Der Umsatz ergibt sich aus dem Mittelwert der einzelnen Berechnungen.

Die beiden Produkte (Amin & Amid) werden anschließend wie folgt voneinander getrennt: Zum Rohprodukt (in DCM) wird HCl (1 – 5 M) gegeben und pH 1 eingestellt. Anschließend werden die beiden Phasen getrennt, die organische Phase mit H$_2$O (3x) gewaschen und die wässrige Phase mit DCM (3x) extrahiert. Die vereinten organischen Phasen werden schließlich über MgSO$_4$ getrocknet, abfiltriert und im Vakuum entfernt um das Amid zu erhalten.

Durch Neutralisieren der wässrigen Phase mit NaOH (2 M) und anschließender Extraktion mit DCM oder EtOAc (3x), sowie Trocknen der vereinten organischen Phasen über MgSO$_4$ und vollständiges Einengen des Lösungsmittels, kann das verbleibende Amin erhalten werden.

7.2.1.6.1 Synthese von (*R*)-*N*-(1-Phenylethyl)acetamid ((*R*)-5)

Die Synthese erfolgt analog der AAV 6. Zu einem Gemisch aus racemischem 1-Phenylethylamin (*rac*-2, 1.0 mmol, 129.6 µl) und Ethylacetat (3, 1.0 mmol, 97.9 µl) in *n*-Heptan (10.0 ml) wird CAL-B (200 mg) gegeben und für 4.5 Stunden bei 80°C (Ölbad vorheizen) gerührt. Nach Filtration des Enzyms und Nachwaschen mit DCM wird das Lösemittel im Vakuum vollständig eingeengt. Die Aufarbeitung erfolgt gemäß der allgemeinen Arbeitsvorschrift durch Extraktion mit DCM. Das Produkt wird als fahlgelber Feststoff erhalten. Umsatz: 50%, Ausbeute: 43% (70.2 mg, 0.4 mmol).

^{1}H-NMR (400 MHz, CDCl$_3$): δ (ppm) = 1.46 (d, ^3J = 7.00 Hz, 3 H, H-8), 1.96 (s, 3 H, H-11), 5.13 (qui, ^3J = 7.00 Hz, ^3J = 7.34 Hz, 1 H, H-7), 6.17 (s, br, 1 H, H-9),

7.21 – 7.35 (m, 5 H, H^ar). HPLC: AD-H-Säule, 95:5 (Isohexan/*i*-PrOH, v/v), 210 nm, flow: 1.0 ml/min, t_r = 9.2 min (*R*), 11.4 min (*S*), *ee*-Wert: 95%. Die analytischen Daten stimmen mit den Vergleichsdaten aus Abschnitt 7.2.1.1.1 und der Literatur überein.[103]

7.2.1.6.2 Synthese von (*R*)-*N*-(1-(4-Bromphenyl)ethyl)acetamid ((*R*)-66)

Die Synthese erfolgt analog der AAV 6. Zu einem Gemisch aus racemischem 1-(4-Bromphenyl)ethylamin (*rac*-63, 2.0 mmol, 287.9 µl) und Ethylacetat (3, 2.0 mmol, 195.8 µl) in *n*-Heptan (20.0 ml) wird CAL-B (300 mg) gegeben und für 4.5 Stunden bei 80°C (Ölbad vorheizen) gerührt. Nach Filtration des Enzyms und Nachwaschen mit DCM wird das Lösemittel im Vakuum vollständig eingeengt. Die Aufarbeitung erfolgt gemäß der allgemeinen Arbeitsvorschrift durch Extraktion mit DCM. Man erhält das Produkt als fahlgelben Feststoff. Umsatz: 50%, Ausbeute: 33% (159.0 mg, 0.7 mmol).

(*R*)-66
$C_{10}H_{12}BrNO$
M = 242.11 g/mol

^{1}H-NMR (400 MHz, CDCl$_3$): δ (ppm) = 1.46 (d, ^3J = 6.96 Hz, 3 H, H-8), 2.01 (s, 3 H, H-11), 5.05 – 5.11 (m, 1 H, H-7), 5.87 (s, br, 1 H, H-9), 7.19 (d, ^3J = 8.42 Hz, 2 H, H-2, H-6), 7.46 (d, ^3J = 8.42 Hz, 2 H, H-3, H-5). HPLC: AD-H-Säule, 95:5 (Isohexan/*i*-PrOH, v/v), 210 nm, flow: 0.8 ml/min, t_r = 13.3 min (*R*), 19.5 min (*S*), *ee*-Wert: >99%.

Die analytischen Daten stimmen mit den Vergleichsdaten aus Abschnitt 7.2.1.1.2 und der Literatur überein.[104]

7.2.1.6.3 Synthese von (*R*)-*N*-(1-(4-Methyl)ethyl)acetamid ((*R*)-86)

Die Synthese erfolgt analog der AAV 6. Zu einem Gemisch aus racemischem 1-(4-Methylphenyl)ethylamin (*rac*-85, 1.0 mmol, 136.4 µl) und Ethylacetat (3,

1.0 mmol, 97.9 µl) in *n*-Heptan (10.0 ml) wird CAL-B (200 mg) gegeben und für 4.5 Stunden bei 80 °C (Ölbad vorheizen) gerührt. Nach Filtration des Enzyms und Nachwaschen mit DCM wird das Lösemittel im Vakuum vollständig eingeengt. Die Aufarbeitung erfolgt analog der allgemeinen Arbeitsvorschrift durch Extraktion mit DCM. Das Produkt wird als fahlgelber Feststoff erhalten. Umsatz: 48 %, Ausbeute: 38 % (68.1 mg, 0.38 mmol).

(*R*)-**86**
$C_{11}H_{15}NO$
M = 177,24 g/mol

^{1}H-NMR (400 MHz, CDCl$_3$): δ (ppm) = 1.49 (d, ^3J = 6.80 Hz, 3 H, H-8), 1.99 (s, 3 H, H-11), 2.36 (s, 3 H, H-12), 5.12 (qui, ^3J = 7.20 Hz, 1 H, H-7), 5.73 (s, br, 1 H, H-9), 7.16 – 7.28 (m, 4 H, H^{ar}). ^{13}C-NMR (100 MHz, CDCl$_3$): δ (ppm) = 21.03 (C-12), 21.60 (C-8), 23.37 (C-11), 48.68 (C-7), 126.70 (C^{ar}), 129.75 (C^{ar}), 137.15 (C-4), 140.02 (C-1), 169.20 (C-10). MS (EI): m/z (%) = 177 [M] (20), 120 (100), 118 (22), 93 (20), 91 (21). HPLC: AD-H-Säule, 95:5 (Isohexan/*i*-PrOH, v/v), 230 nm, flow: 0.8 ml/min, t$_r$ = 14.4 min (*R*), 16.9 min (*S*), *ee*-Wert: 99 %.

Die analytischen Daten stimmen mit den Vergleichsdaten aus der Literatur überein.[108]

7.2.1.6.4 Synthese von (*R*)-*N*-(1-Phenylpropyl)acetamid ((*R*)-87)

Die Synthese erfolgt analog der AAV 6. Zu einem Gemisch aus racemischem 1-Phenylpropylamin (*rac*-**68**, 1.0 mmol, 128.9 µl) und Ethylacetat (**3**, 1.0 mmol, 97.9 µl) in *n*-Heptan (10.0 ml) wird CAL-B (200 mg) gegeben und für 4.5 Stunden bei 80 °C (Ölbad vorheizen) gerührt. Nach Filtration des Enzyms und Nachwaschen mit DCM wird das Lösemittel im Vakuum eingeengt. Das Rohprodukt wird ohne Aufarbeitung mittels HPLC zur Bestimmung des *ee*-Wertes vermessen. Umsatz: 28 %.

^{1}H-NMR (400 MHz, CDCl$_3$): δ (ppm) = 0.86 – 0.91 (m, 3 H, H-9), 1.72 – 1.80 (m, 2 H, H-8), 1.89 (s, 3 H, H-12), 4.91 (qui, ^3J = 7.18 Hz, 1 H, H-7), 5.63 (s, br, 1 H, H-10), 7.19 – 7.48 (m, 4 H, H^{ar}). HPLC: AD-H-Säule, 95:5 (Isohexan/i-PrOH, v/v), 233 nm, flow: 0.8 ml/min, t$_r$ = 21.7 min (R), 24.2 min (S), ee-Wert: 93%.

Die analytischen Daten stimmen mit den Vergleichsdaten aus der Literatur überein.[109]

7.2.1.6.5 Synthese von (R)-N-(1-Phenylethyl)propionsäureamid ((R)-67)

Die Synthese erfolgt analog der AAV 6. Zu einem Gemisch aus racemischem 1-Phenylethylamin (*rac*-2, 1.5 mmol, 193.4 µl) und Propionsäureethylester (79, 1.5 mmol, 172.1 µl) in *n*-Heptan (15.0 ml) wird CAL-B (300 mg) gegeben und für 4.5 Stunden bei 80°C (Ölbad vorheizen) gerührt. Nach Filtration des Enzyms und Nachwaschen mit DCM wird das Lösemittel im Vakuum eingeengt. Die Bestimmung des Enantiomerenüberschusses erfolgt mittels HPLC ohne weitere Aufarbeitung. Umsatz: 56%.

^{1}H-NMR (400 MHz, CDCl$_3$): δ (ppm) = 1.17 (t, ^3J = 7.60 Hz, 3 H, H-12), 1.49 (d, ^3J = 6.80 Hz, 3 H, H-8), 2.19 – 2.25 (m, 2 H, H-11), 5.13 (qui, ^3J = 6.60 Hz, 1 H, H-7), 5.66 (s, br, 1 H, H-9), 7.23 – 7.38 (m, 5 H, H^{ar}). HPLC: AD-H-Säule, 95:5 (Isohexan/i-PrOH, v/v), 233 nm, flow: 0.8 ml/min, t$_r$ = 32.3 min (R), 41.4 min (S), ee-Wert: 92%.

Die analytischen Daten stimmen mit den Vergleichsdaten aus Abschnitt 7.2.1.1.3 und der Literatur überein.[105]

7.2.1.6.6 Synthese von (R)-2-(Methylsulfonyl)-N-(1-phenylethyl)-acetamid ((R)-70)

Die Synthese erfolgt analog der AAV 6. Zu einem Gemisch aus racemischem 1-Phenylethylamin (rac-**2**, 1.0 mmol, 128.9 µl) und Sulfonylester **69** (1.0 mmol, 131.9 µl) in n-Heptan (10.0 ml) wird CAL-B (300 mg) gegeben und für 20.5 Stunden bei 80 °C (Ölbad vorheizen) gerührt. Nach Filtration des Enzyms und Nachwaschen mit DCM wird das Lösemittel im Vakuum eingeengt. Die Aufarbeitung erfolgt gemäß der allgemeinen Arbeitsvorschrift durch Extraktion mit DCM. Das Produkt wird als gelber Feststoff erhalten. Umsatz: 35%, Ausbeute: n.b.

(R)-**70**
$C_{11}H_{15}NO_3S$
M = 241.31 g/mol

^{1}H-NMR (400 MHz, CDCl$_3$): δ (ppm) = 1.39 (d, ^3J = 6.67 Hz, 3H, H-8), 3.13 (s, 3H, H-12), 3.96 (s, 2H, H-11), 5.04 – 5.13 (m, 1H, H-7), 6.68 (s, br, 1H, H-9), 7.26 – 7.50 (m, 5H, H^{ar}). HPLC: AD-H-Säule, 95:5 (Isohexan/i-PrOH, v/v), 210 nm, flow: 1.0 ml/min, t$_r$ = 39.5 min (R), 53.5 min (S), ee-Wert: 92%.

Die analytischen Daten stimmen mit den Vergleichsdaten aus Abschnitt 7.2.1.2.1 überein.

7.2.1.6.7 Synthese von (R)-2-(Methylsulfonyl)-N-(1-phenylpropyl)-acetamid ((R)-71)

Die Synthese erfolgt analog der AAV 6. Zu einem Gemisch aus racemischem 1-Phenylpropylamin (*rac*-**68**, 1.0 mmol, 144.1 µl) und Sulfonylester **69** (1.0 mmol, 131.9 µl) in *n*-Heptan (10.0 ml) wird CAL-B (300 mg) gegeben und für 20.5 Stunden bei 80 °C (Ölbad vorheizen) gerührt. Nach Filtration des Enzyms und Nachwaschen mit DCM wird das Lösemittel im Vakuum eingeengt. Die Bestimmung des Enantiomerenüberschusses erfolgt mittels HPLC aufgrund des geringen Umsatzes ohne weitere Aufarbeitung. Umsatz: 6%.

(R)-**71**
$C_{12}H_{17}NO_3S$
M = 255.33 g/mol

^{1}H-NMR (400 MHz, CDCl$_3$): δ (ppm) = 0.89 – 0.96 (m, 3 H, H-9), 1.82 – 1.87 (m, 2 H, H-8), 2.97 (s, 3 H, H-13), 3.87 – 3.96 (m, 2 H, H-12), 4.85 (q, ^3J = 7.08 Hz, ^3J = 7.20 Hz, 1 H, H-7), 6.70 (s, br, 1 H, H-10), 7.31 – 7.59 (m, 5 H, H^{ar}). HPLC: AD-H-Säule, 95:5 (Isohexan/*i*-PrOH, v/v), 210 nm, flow: 0.8 ml/min, t$_r$ = 41.2 min (*R*), 63.5 min (*S*), *ee*-Wert: 58%.

Die analytischen Daten stimmen mit den Vergleichsdaten aus Abschnitt 7.2.1.2.2 überein.

7.2.1.6.8 Synthese von (R)-N-(1-Phenylethyl)-(3-ethoxy-3-oxopropan-amid) ((R)-73)

Die Synthese erfolgt analog der AAV 6. Zu einem Gemisch aus racemischem 1-Phenylethylamin (*rac*-**2**, 1.5 mmol, 193.4 µl) und Diethylmalonat (**72**, 1.5 mmol, 226.7 µl) in *n*-Heptan (15.0 ml) wird CAL-B (300 mg) gegeben und für 4.5 Stunden bei 80 °C (Ölbad vorheizen) gerührt. Nach Filtration des Enzyms und Nachwaschen mit DCM wird das Lösemittel im Vakuum eingeengt. Die Aufarbeitung erfolgt gemäß der allgemeinen Arbeitsvorschrift durch Extraktion mit DCM. Das Produkt (Gemisch mit Malonester **72**) wird ohne weitere Trennung zur Bestimmung des Enantiomerenüberschusses mittels chiraler HPLC eingesetzt. Umsatz: 50%.

(R)-**73**
$C_{13}H_{17}NO_3$
M = 235.28 g/mol

^{1}H-NMR (400 MHz, CDCl$_3$): δ (ppm) = 1.29 (t, ^3J = 7.20 Hz, 3 H, H-14), 1.52 (d, ^3J = 6.80 Hz, 3 H, H-8), 3.32 (d, ^2J = 3.20 Hz, 2 H, H-11), 4.21 (q, ^3J = 7.20 Hz, 2 H, H-13), 5.15 (qui, ^3J = 6.80 Hz, ^3J = 7.40 Hz, 1 H, H-7), 7.25 – 7.37 (m, 5 H, H^{ar}), 7.52 (s, br, 1 H, H-9). HPLC: AD-H-Säule, 95:5 (Isohexan/i-PrOH, v/v), 210 nm, flow: 0.8 ml/min, t$_r$ = 17.3 min (R), 26.1 min (S), ee-Wert: 97%.

Die analytischen Daten stimmen mit den Vergleichsdaten aus Abschnitt 7.2.1.3.1 überein.

7.2.1.6.9 Synthese von Synthese von (R)-N-(1-Phenyethyl)-(3-methoxy-3-oxopropanamid) ((R)-83)

Die Synthese erfolgt analog der AAV 6. Zu einem Gemisch aus racemischem 1-Phenylethylamin (*rac*-**2**, 1.5 mmol, 193.4 µl) und Dimethylmalonat (**44**, 1.5 mmol, 171.4 µl) in *n*-Heptan (15.0 ml) wird CAL-B (300 mg) gegeben und für 4.5 Stunden bei 80°C (Ölbad vorheizen) gerührt. Nach Filtration des Enzyms und Nachwaschen mit DCM wird das Lösemittel im Vakuum eingeengt. Die Aufarbeitung erfolgt gemäß der allgemeinen Arbeitsvorschrift durch Extraktion mit DCM. Das Produkt (Gemisch mit Malonester **44**) wird ohne weitere Trennung für die chirale HPLC-Analytik eingesetzt. Umsatz: 23%.

(R)-**83**
C$_{12}$H$_{15}$NO$_3$
M = 221.25 g/mol

^{1}H-NMR (400 MHz, CDCl$_3$): δ (ppm) = 1.51 (d, ^3J = 6.80 Hz, 3 H, H-8), 3.33 (d, ^2J = 3.30 Hz, 2 H, H-11), 3.76 (s, 1 H, H-13), 5.17 (qui, ^3J = 6.80 Hz, ^3J = 7.30 Hz, 1 H, H-7), 7.23 – 7.37 (m, 5 H, H^{ar}), 7.49 (s, br, 1 H, H-9).

7.2.1.6.10 Synthese von (R)-N-(1-(4-Bromphenyl)ethyl)-(3-ethoxy-3-oxopropanamid) ((R)-74)

Die Synthese erfolgt analog der AAV 6. Zu einem Gemisch aus racemischem 1-(4-Bromphenyl)ethylamin (*rac*-**63**, 4.0 mmol, 572.9 µl) und **72** (4.0 mmol, 604.4 µl) in *n*-Heptan (4.0 ml) wird CAL-B (40 mg) gegeben und für 4.5 Stunden bei 60°C (Ölbad vorheizen) gerührt. Nach Filtration des Enzyms und Nachwaschen mit DCM wird das Lösemittel im Vakuum eingeengt. Die Aufarbeitung erfolgt gemäß der allgemeinen Arbeitsvorschrift durch Extraktion mit DCM. Das so erhaltene Produktgemisch (**74** mit Malonester **72**) wird ohne weitere Trennung für die chirale HPLC-Analytik verwendet. Umsatz: 43%.

(R)-**74**
C$_{13}$H$_{16}$BrNO$_3$
M = 314.18 g/mol

^{1}H-NMR (400 MHz, CDCl$_3$): δ (ppm) = 1.28 – 1.33 (m, 3 H, H-14), 1.49 (d, ^3J = 6.80 Hz, 3 H, H-8), 3.33 (d, ^2J = 3.60 Hz, 2 H, H-11), 4.18 – 4.26 (m, 2 H, H-13), 5.12 (qui, ^3J = 6.80 Hz, ^3J = 7.20 Hz, 1 H, H-7), 7.22 (d, ^3J = 8.34 Hz, 2 H, H^{ar}), 7.48 (d, ^3J = 8.59 Hz, 2 H, H^{ar}), 7.51 (d, ^3J = 7.07 Hz, 1 H, H-9). HPLC: AD-H-Säule, 95:5 (Isohexan/*i*-PrOH, v/v), 230 nm, flow: 1.0 ml/min, t$_r$ = 18.8 min (*R*), 27.8 min (*S*), *ee*-Wert: >95%.

Die analytischen Daten stimmen mit den Vergleichsdaten aus Abschnitt 7.2.1.3.2 überein.

7.2.1.6.11 Analyse des Dimers 84

Bei der Reaktion des Bromamins *rac*-**63** mit Diethylmalonat (**72**) als Acyldonor entsteht das gewünschte Amid (*R*)-**74**. Trennt man das Produkt **74** nicht zeitnah vom verbleibenden Acyldonor **72** ab, fällt nach etwa drei Tagen ein weißer Feststoff aus, der als entsprechendes Dimer **84** charakterisiert werden konnte (Abbildung 104).

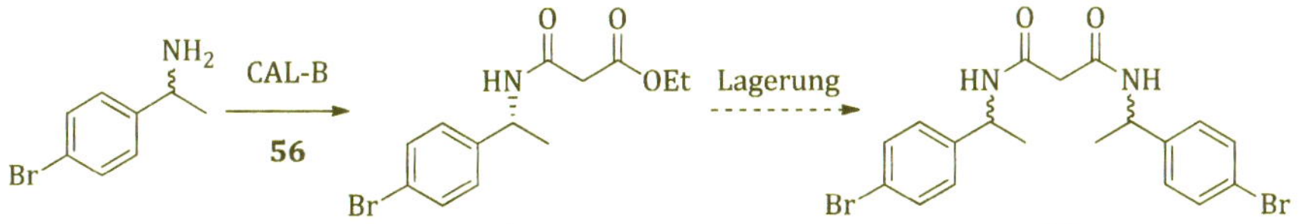

rac-**63** (*R*)-**74** **84**

Abbildung 104. Bildung des Nebenprodukts **84**

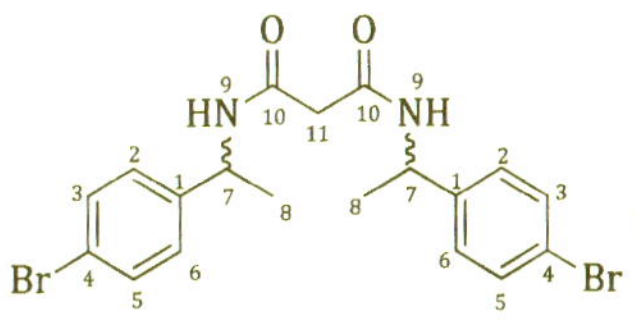

84

$C_{19}H_{20}Br_2N_2O_2$

M = 468.18 g/mol

^{1}H-NMR (400 MHz, $CDCl_3$): δ (ppm) = 1.31 – 1.34 (m, 6 H, H-8), 3.10 (s, 2 H, H-11), 4.82 – 4.89 (m, 2 H, H-7), 7.27 – 7.29 (m, 4 H, H^{ar}), 7.49 – 7.51 (m, 4 H, H^{ar}), 8.46 (d, ^3J = 7.60 Hz, 2 H, H-9). ^{13}C-NMR (100 MHz, $CDCl_3$): δ (ppm) = 22.24 (C-8), 43.43 (C-11), 47.58 (C-7), 119.57 (C-4), 128.24 (C^{ar}), 131.04 (C^{ar}), 143.94 (C-1), 165.91 (C-10). IR (ATR): ν_{max} (cm^{-1}) = 3294.12, 2976.55, 1741.03, 1649.57, 1542.14, 1405.47, 1147.27, 1006.88, 822.13, 717.70. MS (EI): m/z (%) = 469 (28) [M^+], 225 (100), 208 (79), 183 (59), 111 (63).

7.2.1.7 Allgemeine Arbeitsvorschrift 7 (AAV 7): Enzymatische Racematspaltung des β-Aminosäureesters rac-75

```
          CAL-B
NH₂ O     O    (200 mg/mmol)      O         NH₂ O
  ‖    +  ‖   ─────────────►  R─‖─NH  O  +    ‖
 ─O─     R OEt  Solvens,              ─O─         ─O─
rac-75   3 (R = Me)    T, t    (R)-76 (R = Me)   (S)-75
         72 (R = CH₂COOEt)     (R)-88 (R = CH₂COOEt)
         79 (R = Et)           (R)-77 (R = Et)
0.1 M    1.0 Äq.
```

Abbildung 105. Enzymatische Racematspaltung von rac-75

Zu einem Gemisch aus racemischem β-Aminoester rac-75 (0.1 M) in Solvens (EtOAc bzw. n-Heptan) wird entsprechender Acyldonor (1.0 Äq.) und CAL-B (200 mg/mmol) gegeben und bei angegebener Temperatur für die entsprechende Zeit gerührt. Nach Filtration des Enzyms und Nachwaschen mit DCM wird das Lösungsmittel im Vakuum entfernt und der Umsatz per ^{1}H-NMR-Spektrum bestimmt (siehe Abschnitt 7.1 und AAV 6, Abschnitt 7.2.1.6). Anschließend wird das Rohprodukt in DCM gelöst, mittels HCl (1 M) pH 1 eingestellt, sowie mit DCM extrahiert (3x) und mit Wasser gewaschen (3x). Die vereinten organischen Phasen werden über MgSO$_4$ getrocknet und am Rotationsverdampfer vollständig konzentriert, um das entsprechende Amid zu erhalten.

7.2.1.7.1 Synthese von (R)-3-Acetamidbutansäureethylester ((R)-76)

Die Synthese erfolgt analog der AAV 7. Zu einem Gemisch aus racemischem β-Aminoester rac-75 (0.9 mmol, 120.0 µl) und Ethylacetat (3, 0.9 mmol, 88.1 µl) in n-Heptan (9.0 ml) wird CAL-B (180 mg) gegeben und für 4.5 Stunden bei 80 °C (Ölbad vorheizen) gerührt. Nach Filtration des Enzyms und Nachwaschen mit DCM wird das Lösemittel im Vakuum entfernt. Die Aufarbeitung erfolgt gemäß der allgemeinen Arbeitsvorschrift durch Extraktion mit DCM. Das Produkt wird als gelbes Öl erhalten. Umsatz: 46%, Ausbeute: n.b..

```
        O
     9 ‖  7                    (R)-76
      8  NH   O                C₈H₁₅NO₃
                        2      M = 173.21 g/mol
     6  5  4  3  O   1
```

¹H-NMR (400 MHz, CDCl₃): δ (ppm) = 1.23 (d, ^3J = 6.80 Hz, 3 H, H-6), 1.27 (t, ^3J = 7.14 Hz, 3 H, H-1), 1.97 (s, 3 H, H-9), 2.53 (dd, ^3J = 5.24 Hz, ^2J = 1.36 Hz, 2 H, H-4), 4.13 – 4.20 (m, 2 H, H-2), 4.35 – 4.39 (m, 1 H, H-5), 6.12 (s, br, 1 H, H-7).
HPLC: AD-H-Säule, 98:2 (Isohexan/*i*-PrOH, v/v), 233 nm, flow: 0.8 ml/min, t_r = 19.7 min (*R*), 21.2 min (*S*), *ee*-Wert: 76%.
Die analytischen Daten stimmen mit den Vergleichsdaten aus Abschnitt 7.2.1.4.1 und der Literatur überein.[107]

7.2.1.7.2 Synthese von (*R*)-3-(3-Ethoxy-3-oxopropanamid)-butansäureethylester ((*R*)-88)

Die Synthese erfolgt analog der AAV 7. Zu einem Gemisch aus racemischem β-Aminoester *rac*-75 (0.9 mmol, 120.0 µl) und Malonat **72** (0.9 mmol, 137.3 µl) in *n*-Heptan (9.0 ml) wird CAL-B (180.0 mg) gegeben und für 4.5 Stunden bei 80°C (Ölbad vorheizen) gerührt. Nach Filtration des Enzyms und Nachwaschen mit DCM wird das Lösemittel im Vakuum entfernt. Die Aufarbeitung erfolgt gemäß der allgemeinen Arbeitsvorschrift durch Extraktion mit DCM. Das Produkt wird als gelbes Öl erhalten (80% Reinheit) und ohne weitere Trennung zur Bestimmung des Enantiomerenüberschusses mittels chiraler HPLC-Analytik eingesetzt. Umsatz: 26%, Ausbeute: n.b., da Produktgemisch aus **88** und **72**.

```
           O    O
       11  ‖    ‖  7                (R)-88
    12   O  10  9  8  NH   O        C₁₁H₁₉NO₅
                                2   M = 245.27 g/mol
                   6  5  4  3  O  1
```

¹H-NMR (400 MHz, CDCl₃): δ (ppm) = 1.24 – 1.33 (m, 9 H, H-1, H-6, H-12), 1.24 (d, ^3J = 5.60 Hz, 2 H, H-4), 3.31 – 3.34 (m, 2 H, H-9), 4.15 – 4.28 (m, 4 H, H-2, H-11), 4.39 – 4.42 (m, 1 H, H-5), 7.58, (s, br, 1 H, H-7). ¹³C-NMR (100 MHz, CDCl₃): δ (ppm) = 171.41 (C-3), 169.26 (C-10), 168.81 (C-8), 61.77 (C-9), 61.52 (C-11), 61.45 (C-2), 42.20 (C-5), 40.73 (C-4), 19.81 (C-6), 14.12 (C-12), 13.99 (C-1). MS (Maldi-TOF, sin): m/z (%) = 246 [M⁺] (98), 226 (100), 207 (62), 181 (81), 167 (43). IR (ATR): v_{max} (cm⁻¹) = 2983.65, 2359.12, 1982.54, 1730.17, 1329.58, 1140.30, 1031.80.

7.2.1.7.3 Synthese von (R)-3-Propionamidbuttersäureethylester ((R)-77)

Die Synthese erfolgt analog der AAV 7. Zu einem Gemisch aus racemischem β-Aminoester *rac*-75 (0.9 mmol, 120.0 µl) und Propionat 79 (0.9 mmol, 103.3 µl) in *n*-Heptan (9.0 ml) wird CAL-B (180.0 mg) gegeben und für 4.5 Stunden bei 80°C (Ölbad vorheizen) gerührt. Nach Filtration des Enzyms und Nachwaschen mit DCM wird das Lösemittel bis zur Trockene im Vakuum eingeengt. Die Aufarbeitung erfolgt gemäß der allgemeinen Arbeitsvorschrift durch Extraktion mit DCM. Man erhält das Produkt als orangen Feststoff. Umsatz: 59%, Ausbeute 49% (82.5 mg, 0.4 mmol).

(R)-77
C₉H₁₇NO₃
M = 187.24 g/mol

¹H-NMR (300 MHz, CDCl₃): δ (ppm) = 1.17 (t, ^3J = 7.36 Hz, 3 H, H-1), 1.23 – 1.32 (m, 6 H, H-6, H-10), 2.21 (q, ^3J = 7.50 Hz, 2 H, H-9), 2.53 (t, ^3J = 4.80 Hz, 2 H, H-4), 4.17 (q, ^3J = 7.36 Hz, 2 H, H-2), 4.28 – 4.41 (m, 1 H, H-5), 6.11 (s, br, 1 H, H-7). HPLC: AD-H-Säule, 95:5 (Isohexan/*i*-PrOH, v/v), 233 nm, flow: 0.8 ml/min, t_r = 11.4 min (R), 12.3 min (S), *ee*-Wert: 65%.

Die analytischen Daten stimmen mit den Vergleichsdaten aus Abschnitt 7.2.1.4.2 überein.

7.2.1.8 Untersuchung der Standardreaktion

Die enzymatische Racematspaltung von Amin *rac*-2 mittels Ethylacetat (3) und Lipase CAL-B wurde zunächst mit unterschiedlichen Bedingungen untersucht und anhand eines Literaturbeispiels[12] nachvollzogen. Die Synthese erfolgte analog der AAV 6. Die Ergebnisse sind in Tabelle 18 aufgelistet. Nebenreaktionen konnten ausgeschlossen werden (siehe Eintrag 6, 7 und 8).

Tabelle 18. Einleitende Versuche zur enzymatischen Racematspaltung

Eintrag	Amin 2 [mM]	Acyldonor 3 Äq.	Solvens	CAL-B [mg/mmol]	T [°C]	t [h]	Umsatz [%]	ee_P [%]
1	30	>330	EtOAc	200	80	20	80	27
2	67	>150	EtOAc	200	40	20	58	17
3	67	>150	EtOAc	200	RT	20	48	35
4	100	1.0	*n*-Heptan	200	80	4.5	50	98
5	50	>200	EtOAc	---	80	20	0	-
6	50	>200	EtOAC	---	RT	43	0	-
7	100	1.0	*n*-Heptan	---	80	4.5	0	-

7.2.1.9 Prozessoptimierung

Für die Prozessoptimierung der enzymatischen Racematspaltung von Amin *rac*-2 und Ethylacetat (3) als Acyldonor mittels immobilisierter CAL-B, wurde Temperatur, Lösungsmittel, sowie Enzymbeladung und Enzymrecycling untersucht. Die Synthese des Amids (*R*)-5 erfolgte jeweils analog der AAV 6.

7.2.1.9.1 Temperatureffekt

Die Standardreaktion wurde bei verschiedenen Temperaturen durchgeführt, um den Einfluss auf Reaktionsgeschwindigkeit und Selektivität zu untersuchen. Die Synthese erfolgte analog der AAV 6. Die Reaktionsbedingungen und Ergebnisse sind in Tabelle 19 aufgelistet.

Tabelle 19. Untersuchung des Temperatureffekts auf die enzymatische Racematspaltung von **2**

Eintrag	T [°C]	Umsatz[a] [%]	Ausbeute [%]	ee_P[b] [%]	ee_S[c] [%]	E(C,P)[c]
1	30	<5	n.b.	97	n.b.	n.b.
2	50	21	7	99	26	>200
3	60	18	11	99	22	>200
4	80	50	27	98	98	>200

a) berechnet aus ¹H-NMR-Spektrum, b) berechnet aus HPLC-Spektrum, c) berechnet aus Umsatz und *ee*-Wert des Produkts, n.b. nicht bestimmt.

7.2.1.9.2 Lösungsmitteleffekt

Durch Variation des Lösungsmittels (jeweils 10 ml) wurde der Einfluss auf Geschwindigkeit der Reaktion und Selektivität des Enzyms untersucht. Die Synthese erfolgte analog der AAV 6. Die Reaktionsbedingungen und Ergebnisse sind in Tabelle 20 aufgelistet.

Tabelle 20. Variation des Lösungsmittels

Eintrag	Solvens	Umsatz [%]	ee_P [%]	ee_S [%]	E(C,P)[c]
1	n-Heptan	50	98	98	>200
2	Methylcyclohexan	52	97	99	>200
3	Cyclohexan	47	98	87	>200
4	Toluol	39	n.b.	n.b.	n.b.
5	MTBE	28	n.b.	n.b.	n.b.
6	ETBE	8	n.b.	n.b.	n.b.

a) berechnet aus ^{1}H-NMR-Spektrum, b) berechnet aus HPLC-Spektrum, n.b. nicht bestimmt.

7.2.1.9.3 Kinetik

Zur Verfolgung des Reaktionsverlaufs wurde nach unterschiedlichen Reaktionszeiten der Umsatz mittels ¹H-NMR-Spektroskopie bestimmt (Tabelle 21). Die Durchführung der Einzelversuche erfolgte jeweils analog der AAV 6. Nach Aufarbeitung konnte jeweils isoliertes Produkt (R)-**5** erhalten werden.

Tabelle 21. Reaktionsverlauf

rac-**2** (0.1 M) + **3** (1.0 Äq.) OEt → [CAL-B (200 mg/mmol), n-Heptan, 80 °C, t] → (R)-**5** + (S)-**2**

Eintrag	T [h]	Umsatz[a] [%]	Ausbeute [%]	ee_P[b] [%]	ee_S[c] [%]	E(C,P)[c]
1	0.5	23	12	99	30	>200
2	1	27	15	99	37	>200
3	2	32	26	98	46	156
4	3	50	42	99	99	>200
5	4.5	50	27	98	98	>200

a) berechnet aus ¹H-NMR-Spektrum, b) berechnet aus HPLC-Spektrum, c) berechnet aus Umsatz und *ee*-Wert des Produkts.

7.2.1.9.4 Enzymbeladung

Die Untersuchung der enzymatischen Racematspaltung im Hinblick auf die Enzymbeladung erfolgte analog der AAV 6. Nach Aufarbeitung konnte jeweils isoliertes Produkt (R)-**5** erhalten werden. Die Reaktionsbedingungen und Ergebnisse sind in Tabelle 22 aufgelistet.

Tabelle 22. Enzymbeladung

rac-**2** + **3** $\xrightarrow[\text{n-Heptan, 80°C, 4.5 h}]{\text{CAL-B}}$ (R)-**5** + (S)-**2**

0.1 M ; 1.0 Äq.

Eintrag	CAL-B [mg/mmol]	Umsatz [%]	Ausbeute [%]	ee_P [%]	ee_S [%]	E(C,P)
1	200	50	27	98	98	>200
2	150	47	44	99	88	>200
3	100	47	43	96	85	133
4	50	33	30	99	49	>200

a) berechnet aus 1H-NMR-Spektrum, b) berechnet aus HPLC-Spektrum, c) berechnet aus Umsatz und ee-Wert des Produktes.

7.2.1.9.5 Enzymrecycling

Im Folgenden wurde die Wiederverwendbarkeit des immobilisierten Enzyms CAL-B untersucht. Die Synthese erfolgte analog der AAV 6 mit einer Substratkonzentration von 0.1 M. Nachdem das Enzym abfiltriert und reichlich mit DCM gewaschen und getrocknet wurde, konnte es für den Folgeversuch eingesetzt werden. Der Verlust von CAL-B durch Filtration, Trocknung und Einwaage wurde durch entsprechend kleinere Ansätze ausgeglichen, sodass die Konzentrationen für alle Reaktionen gleich waren. Die Bedingungen und

Ergebnisse zum Recycling sind in Tabelle 23 aufgelistet. Nach Aufarbeitung konnte jeweils isoliertes Produkt (*R*)-**5** erhalten werden.

Tabelle 23. Enzymrecycling

rac-**2** 0.1 M + **3** 1.0 Äq. → Recycling CAL-B (150 mg/mmol), *n*-Heptan, 80 °C, 4.5 h → (*R*)-**5** + (*S*)-**2**

Zyklus	CAL-B [mg]	Umsatz[a] [%]	Ausbeute [%]	ee_P[b] [%]	ee_S[c] [%]	E(C,P)[c]
1	300	47	44	99	88	>200
2	288	48	30	97	90	>200
3	225	49	25	98	94	>200
4	200	49	44	99	88	>200
5	180	42	30	97	90	>200
6	154	31	n.b.	n.b.	n.b.	n.b.
7	125	37	n.b.	n.b.	n.b.	n.b.

a) berechnet aus ¹H-NMR-Spektrum, b) berechnet aus HPLC-Spektrum, c) berechnet aus Umsatz und *ee*-Wert des Produkts. n.b. nicht bestimmt.

7.2.1.10 Variation der Acyldonoren

Um die enzymatische Reaktion im Hinblick auf die Substratbreite weiter zu untersuchen, wurden neben Ethylacetat (**3**) weitere Acylierungsreagenzien, wie 2-Methylsulfonylessigsäureethylester (**69**), Propionsäureethylester (**79**), Malonsäurediethylester (**72**), Malonsäuredimethylester (**44**) und die freien Carbonsäuren, Propionsäure (**80**) und Malonsäure (**81**), eingesetzt (Abbildung 106). Die Synthese erfolgte analog der AAV 6.

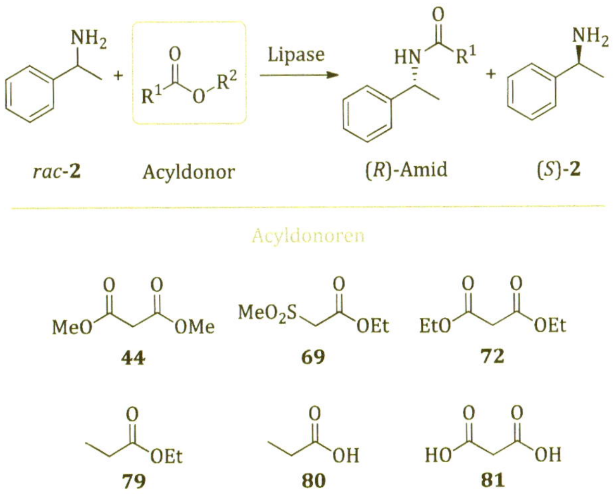

Abbildung 106. Art alternativer Acyldonoren

7.2.1.10.1 2-Methylsulfonylessigsäureethylester (69) als Acyldonor

Die Synthese erfolgte analog der AAV 6. Die Reaktionsbedingungen und Ergebnisse sind in Tabelle 24 aufgeführt. Die Reaktion wurde zum Vergleich sowohl in MTBE als auch in *n*-Heptan durchgeführt. Des Weiteren wurde Lipase Amano PS als Biokatalysator verwendet (Eintrag 3). Die Versuche ohne Zugabe von Lipase ergaben keinen Umsatz (Eintrag 4 und 5), womit Hintergrundreaktionen ausgeschlossen werden konnten.

Tabelle 24. Enzymatische Racematspaltung mit Acyldonor **69**

rac-**2** + **69** →(Lipase) (R)-**70** + (S)-**2**

Eintrag	Amin 2 [M]	Acyldonor 69 Äq.	Solvens	Lipase [mg/mmol]	T [°C]	t [h]	Umsatz[a] [%]	ee$_P$[b] [%]
1	0.1	2.0	MTBE	CAL-B 40	40	42	21	46
2	0.1	1.0	n-Heptan	CAL-B 300	80	20.5	35	92
3	0.2	1.0	n-Heptan	Amano PS 300	80	20.5	27	85
4	0.1	2.0	MTBE	---	RT	42	0	-
5	0.1	1.0	n-Heptan	---	80	20	0	-

a) berechnet aus ^{1}H-NMR-Spektrum, b) berechnet aus HPLC-Spektrum, --- nicht zugegeben.

7.2.1.10.2 Propionsäure (80) als Acyldonor

Als mögliche Acyldonoren wurden ebenfalls freie Säuren herangezogen. Die Synthese mit **80** als Acylierungsreagenz erfolgte analog der AAV 6 unter den in Tabelle 25 dargestellten Bedingungen. Hintergrundreaktionen konnten auch in diesem Fall ausgeschlossen werden, da ohne Enzymgabe kein Umsatz festgestellt wurde (Eintrag 2).

Tabelle 25. Enzymatische Racematspaltung mit Propionsäure (**80**)

rac-**2** (0.1 M) + **80** (1.0 Äq.) →(CAL-B (100 mg/mmol), n-Heptan, 80 °C, 4.5 h) (R)-**67** + (S)-**2**

Eintrag	CAL-B [mg/mmol]	Umsatz[a] [%]	ee$_P$[b] [%]	ee$_S$[c] [%]	E(C,P)[c]
1	100	43	94	71	68
2	---	0	-	-	-

a) berechnet aus ^{1}H-NMR-Spektrum, b) berechnet aus HPLC-Spektrum, c) berechnet aus Umsatz und ee-Wert des Produkts, --- nicht zugegeben.

7.2.1.10.3 Propionsäureethylester (79) als Acyldonor

Des Weiteren wurde der Einfluss der Kettenlänge des Acyldonors anhand von **79** untersucht. Die Synthese erfolgte analog der AAV 6 mit den in Tabelle 26 dargestellten Bedingungen. Für die Untersuchung der Kinetik wurden die Reaktionen bei unterschiedlichen Zeiten beendet und der Umsatz detektiert.

Tabelle 26. Kinetikuntersuchungen mit Propionester **79**

Eintrag	t [h]	Umsatz [%]	Ausbeute [%]	ee_P [%]	ee_S [%]	E(C,P)
1	0.5	26	6	n.b.	n.b.	n.b.
2	1	34	12	93	48	44
3	2	48	41	94	87	91
4	3	50	33	96	96	193
5	4.5	49	36	95	91	125
6	4.75	52	43	92	99	125

a) berechnet aus ^{1}H-NMR-Spektrum, b) berechnet aus HPLC-Spektrum, c) berechnet aus Umsatz und ee-Wert des Produkts, n.b. nicht bestimmt.

7.2.1.10.4 Malonsäure (81) als Acyldonor

Für weitere Vergleiche wurde die Dicarbonsäure **81** bei der enzymatischen Racematspaltung von *rac*-**2** eingesetzt. Die Synthese erfolgte analog der AAV 6 anhand der in Tabelle 27 dargestellten Bedingungen. Der Umsatz betrug höchstens 34%; eine genauere Bestimmung war mittels ^{1}H-NMR-Analytik nicht möglich. Allerdings konnten Hintergrundreaktionen ausgeschlossen werden, da eine chemische Kontrollreaktion ohne Enzymzugabe keinen Umsatz lieferte (Eintrag 2).

Tabelle 27. Malonsäure (**81**) als Acyldonor

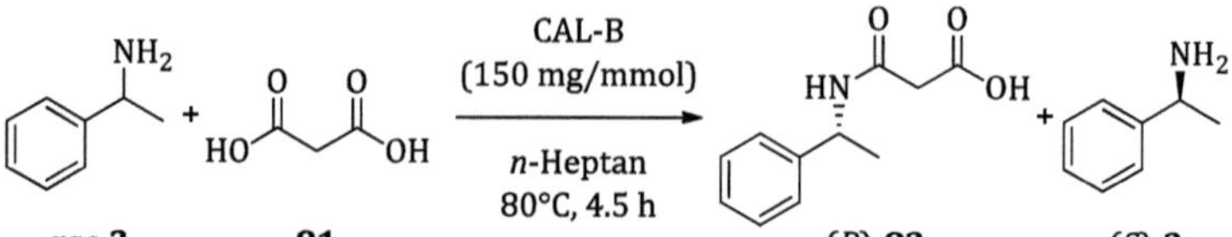

rac-**2** 0.1 M | **81** 1.0 Äq. | (*R*)-**82** Umsatz 15 - 34% | (*S*)-**2**

Eintrag	CAL-B [mg/mmol]	Umsatz[a)] [%]
1	150	15 - 34*
2	---	0

a) berechnet aus ^{1}H-NMR-Spektrum, --- nicht eingesetzt, * NMR-Auswertung aufgrund der Baseline (Signal-Rausch-Verhältnis) nicht eindeutig.

7.2.1.11 Racematspaltung mit Diethylmalonat (72)

Für die Reaktion von Phenylethylamin (*rac*-**2**) mit Diethylmalonat (**72**), katalysiert durch CAL-B (Abbildung 107), wurde zunächst der Reaktionsverlauf verfolgt und der Einfluss der Temperatur untersucht. Anschließend konnten Enzymbeladung und Substratkonzentration verbessert werden.

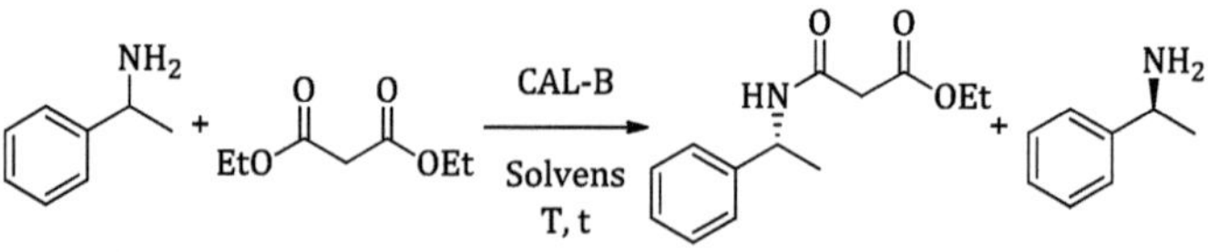

rac-**2** | **72** | (*R*)-**73** | (*S*)-**2**

Abbildung 107. Diethylmalonat (**72**) als Acyldonor

7.2.1.11.1 Untersuchung des Reaktionsverlaufs

Die Synthese erfolgte analog der AAV 6. Der Reaktionsverlauf wurde untersucht, indem die Reaktionen bei unterschiedlichen Zeiten gestoppt wurden (durch Abtrennen des Enzyms mittels Filtration), um den Umsatz per ^{1}H-NMR-Spektroskopie zu detektieren (Tabelle 28).

Tabelle 28. Reaktionsverlauf mit Diethylmalonat (**72**) als Acyldonor

Eintrag	t [min]	Umsatz[a] [%]	ee_P[b] [%]	ee_S[b] [%]	E(C,P)[c]
1	10	41	n.b.	n.b.	n.b.
2	20	38	n.b.	n.b.	n.b.
3	30	38	90	55	33
4	60	41	94	65	63
5	120	47	96	85	133
6	180	50	97	97	>200
7	270	50	97	97	>200

a) berechnet aus ^{1}H-NMR-Spektrum, b) berechnet aus HPLC-Spektrum, c) berechnet aus Umsatz und ee-Wert des Produkts, n.b. nicht bestimmt.

Um die Reaktionsgeschwindigkeit genauer untersuchen zu können, wurde die Enzymmenge weiter herabgesetzt (auf 0.2 mg/mmol) und das Reaktionsvolumen auf das zehnfache (100 ml) vergrößert. Die Ergebnisse sind in Tabelle 29 aufgelistet. Enantiomerenüberschüsse, sowie die Enantioselektivitäten wurden aufgrund der geringen Umsätze weitestgehend nicht bestimmt; in diesen Fällen erfolgte auch keine Aufarbeitung des Rohprodukts. Ein exemplarischer Wert wurde für eine Reaktionszeit von einer Stunde ermittelt, dieser liegt bei 86% *ee* für (*R*)-**73** (Eintrag 4).

Tabelle 29. Reaktionsverfolgung mit einer Enzymbeladung von 0.2 mg/mmol

Eintrag	t [min]	Umsatz[a] [%]
1	10	<1
2	20	2
3	30	2
4	60	2
5	90	5
6	120	8
7	180	9
8	270	16

a) berechnet aus 1H-NMR-Spektrum.

7.2.1.11.2 Einfluss der Temperatur

Anhand der enzymatischen Racematspaltung von Phenylethylamin (*rac*-**2**) und Diethylmalonat (**72**) wurde erneut der Einfluss der Temperatur untersucht (siehe Tabelle 30). Die Synthesen erfolgten analog der AAV 6.

Tabelle 30. Einfluss der Temperatur

Eintrag	T [°C]	Umsatz[a] [%]	ee_P[b] [%]	ee_S[b] [%]	E(C,P)[c]
1	80	50	97	97	>200
2	40	40	99	66	>200
3	RT	26	90 – 96*	>32	>25

a) berechnet aus 1H-NMR-Spektrum, b) berechnet aus HPLC-Spektrum, c) berechnet aus Umsatz und ee-Wert des Produkts.
* HPLC-Auswertung aufgrund der Baseline nicht eindeutig.

7.2.1.11.3 Variation der Enzymbeladung

Des Weiteren wurde der Einfluss der Enzymbeladung untersucht. Dabei wurde zunächst die Menge an Enzym verringert und anschließend sowohl die Reaktionszeiten als auch die Temperatur variiert (Tabelle 31). Die Synthese erfolgte analog der AAV 6.

Tabelle 31. Variation der Enzymbeladung

Eintrag	CAL-B [mg/mmol]	t [h]	Umsatz[a] [%]	ee_P[b] [%]	ee_S[c] [%]	E(C,P)[c]
1	200	0.5	38	90	55	33
2	200	4.5	50	97	97	>200
3	40	0.5	27	95	35	55
4	40	4.5	45	96	79	117
5	5	4.5	28	76	30	10

a) berechnet aus ^{1}H-NMR-Spektrum, b) berechnet aus HPLC-Spektrum, c) berechnet aus Umsatz und ee-Wert des Produkts.

7.2.1.11.4 Erhöhung der Substratkonzentration

Des Weiteren wurde anhand der Reaktion von Phenylethylamin (*rac*-**2**) und Diethylmalonat (**72**) die Erhöhung der Substratkonzentration von 0.1 M auf 1.0 M unter den in Tabelle 32 dargestellten Bedingungen untersucht. Die Synthese erfolgte analog der AAV 6.

Tabelle 32. Erhöhung der Substratkonzentration

Eintrag	Amin **2** [M]	t [h]	Umsatz [%]	ee_P [%]	ee_S [%]	E(C,P)
1	0.1	0.5	27	95	35	55
2	0.1	4.5	45	96	79	117
3	0.5	0.5	30	n.b.	n.b.	n.b.
4	0.5	3	23	97	29	87
5	1.0	0.5	31	87	39	21
6	1.0	3	40	87	58	25
7	1.0	5	43	96	72	106
8	1.0	19	48	95	88	113

a] berechnet aus ¹H-NMR-Spektrum, b] berechnet aus HPLC-Spektrum, c] berechnet aus Umsatz und ee-Wert des Produktes, n.b. nicht bestimmt.

Zusätzlich zur Erhöhung der Substratkonzentration konnte im Folgenden die Enzymbeladung weiter auf 10 mg/mmol gesenkt werden. Die Ergebnisse sind in Tabelle 33 aufgelistet.

Tabelle 33. Einfluss der Enzymkonzentration und Erhöhung der Reaktionszeit

rac-**2** + **72** → (R)-**73** + (S)-**2**

CAL-B (10 mg/mmol), n-Heptan, 80 °C, t

rac-**2** 1.0 M; **72** 1.0 Äq.

Eintrag	t [h]	Umsatz[a] [%]	ee_P[b] [%]	ee_S[c] [%]	E(C,P)[c]
1	5	37	99	58	>200
2	10	43	95	72	83
3	19	46	97	83	170
4	24	46	95	81	97

a) berechnet aus ¹H-NMR-Spektrum, b) berechnet aus HPLC-Spektrum, c) berechnet aus Umsatz und ee-Wert des Produkts.

7.2.1.11.5 Vergleich von Dimethylmalonat (44) und Diethylmalonat (72) als Acyldonoren

Die beiden Acyldonoren Dimethyl- und Diethylmalonat (**44** und **72**) wurden unter verschiedenen Reaktionsbedingungen in der enzymatischen Racematspaltung von Amin rac-**2** eingesetzt und in Bezug auf den Umsatz miteinander verglichen. Die Synthese erfolgte analog der AAV 6. Die Ergebnisse sind in Tabelle 34 aufgelistet.

Tabelle 34. Vergleich der Malonate **44** und **72** als Acyldonoren

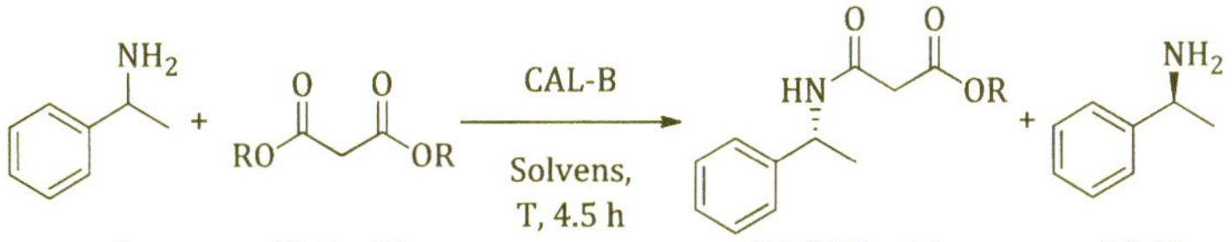

rac-**2** **44** R = Me, **72** R = Et, 1.0 Äq. (*R*)-**83** R = Me, (*R*)-**73** R = Et (*S*)-**2**

Eintrag	Amin **2** [M]	Acyldonor	Produkt	Solvens	CAL-B [mg/mmol]	T [°C]	Umsatz[a] [%]
1	0.1	**44**	**83**	*n*-Heptan	200	80	30
2	0.1	**72**	**73**	*n*-Heptan	200	80	48
3	1.0	**44**	**83**	MTBE	10	60	23
4	1.0	**72**	**73**	MTBE	10	60	42
5	0.1	**44**	**83**	*n*-Heptan	---	80	0

a) berechnet aus ^{1}H-NMR-Spektrum, --- nicht zugegeben.

7.2.1.11.6 Substratbreite

Mit der Anwendung verschiedener Acyldonoren, konnte Diethylmalonat (**72**) die beste Reaktionsrate zugewiesen werden. Nachfolgend wurde untersucht, ob die Variation des Amins ähnliche Ergebnisse liefert. Dazu wurde *p*-Bromphenylethylamin (*rac*-**63**) ausgewählt (Abbildung 108).

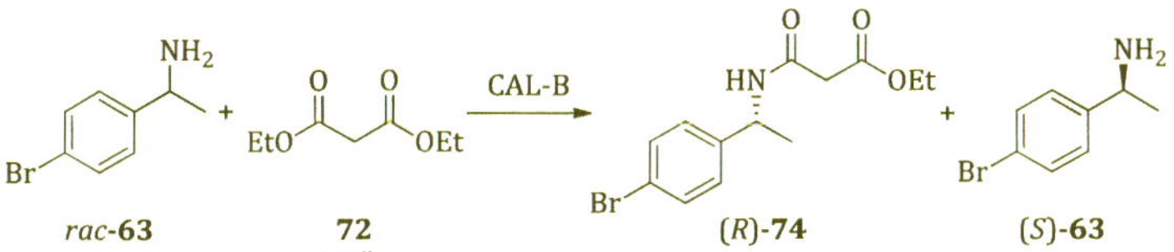

rac-**63** **72** 1.0 Äq. (*R*)-**74** (*S*)-**63**

Abbildung 108. Bromamin **63** als Substrat

7.2.1.11.6.1 Prozessoptimierung

Für die Reaktion von *p*-Bromphenylethylamin (**63**) und Diethylmalonat (**72**) zum entsprechenden Amid (*R*)-**74** wurden im Hinblick auf ein Enzymrecycling einleitende Versuche mit unterschiedlichen Solventien (*n*-Heptan, MTBE und ETBE) durchgeführt. Um einen Umsatz von annähernd 50% zu erreichen, wurden zudem Enzymmenge und Reaktionszeit angepasst. Die Reaktionen erfolgten analog der AAV 6 mit den in Tabelle 35 dargestellten Bedingungen.

Tabelle 35. Einleitende Versuche

Eintrag	Amin **63** [M]	Solvens	CAL-B [mg/mmol]	t [h]	Umsatz[a] [%]	ee_P[b] [%]	ee_S[c] [%]	E(C,P)[c]
1	0.1	*n*-Heptan	10	4.5	43	95	72	83
2	0.1	*n*-Heptan	10	19	52	95	97	164
3	0.5	*n*-Heptan	10	4.5	40	n.b.	n.b.	n.b.
4	1.0	MTBE	10	19	47	96	85	133
5	1.0	ETBE	10	19	48	n.b.	n.b.	n.b.
6	1.0	ETBE	10	6	40	97	65	128
7	1.0	ETBE	20	6	45	>80*	>65	>17
8	1.0	ETBE	30	6	47	>83*	>74	>23
9	1.0	ETBE	40	6	48	98	90	>200

a) berechnet aus ^{1}H-NMR-Spektrum, b) berechnet aus HPLC-Spektrum, c) berechnet aus Umsatz und *ee*-Wert des Produkts,
* HPLC-Auswertung durch Dimerbildung (**84**) während der Lagerung nicht eindeutig, n.b. nicht bestimmt.

7.2.1.11.6.2 Enzymrecycling

Aus den einleitenden Versuchen (Abschnitt 7.2.1.11.6.1) wurden die besten Bedingungen (Tabelle 35, Eintrag 4) für ein Enzymrecycling herangezogen. Die Synthese erfolgte analog der AAV 6. Im Gegensatz zu dem in Abschnitt 7.2.1.9.5 beschriebenen Enzymrecycling wurde an dieser Stelle der Verlust an CAL-B nicht einberechnet. Die Ergebnisse sind in Tabelle 36 dargestellt. Da in den häufigsten Fällen während der Lagerung des Produkts (R)-**74** das entsprechende Dimer **84** ausfiel, konnten die *ee*-Werte weitestgehend nicht gemessen werden. Für Eintrag 3 konnte exemplarisch ein Wert von 98% *ee* bestimmt werden.

Tabelle 36. Enzymrecycling

10 ml-Maßstab, 100 mg Enzym zu Beginn

Zyklus	CAL-B [mg/mmol]	Enzymverlust [%]	Umsatz[a] [%]
1	10.0	-	50
2	9.8	2	50
3	9.3	7	47
4	8.2	18	44
5	7.7	23	38
6	5.3	47	34
7	4.4	56	28
8	3.1	69	31

a) berechnet aus ^{1}H-NMR-Spektrum

7.2.1.11.6.3 Scale-Up des Enzymrecyclings

Um den Verlust von CAL-B während des Enzymrecyclings zu verringern, wurde der Maßstab der Reaktion auf ein sechsfaches vergrößert (60 ml). Die Synthese erfolgte analog der AAV 6. Die Ergebnisse sind in Tabelle 37 aufgelistet.

Tabelle 37. Scale-Up Enzymrecycling
60 ml-Maßstab, 600 mg Enzym zu Beginn

Zyklus	CAL-B [mg/mmol]	Enzymverlust [%]	Umsatz[a] [%]	ee_P[b] [%]	ee_S[c] [%]	E(C,P)[c]
1	10.0	-	48	97	90	>200
2	10.0	0	47	n.b.	n.b.	n.b.
3	10.0	0	45	95	78	92
4	9.8	2	44	94	74	71
5	9.7	3	43	n.b.	n.b.	n.b.

a) berechnet aus ^{1}H-NMR-Spektrum, b) berechnet aus HPLC-Spektrum, c) berechnet aus Umsatz und ee-Wert des Produkts, n.b. nicht bestimmt.

7.2.1.12 Anwendungsbreite

Um die Anwendungsbreite der enzymatischen Racematspaltung zu untersuchen wurden im Folgenden weitere aromatische Amine und ein β-Aminosäureester untersucht.

7.2.1.12.1 p-Bromphenylethylamin (rac-63) als Substrat

Die Synthesen erfolgten analog der AAV 6 anhand unterschiedlicher Reaktionszeiten und Enzymkonzentrationen. Nach Aufarbeitung konnte jeweils isoliertes Produkt (R)-66 erhalten werden. Die Ergebnisse sind in Tabelle 38 aufgelistet.

Tabelle 38. Enzymatische Racematspaltung von Bromamin 63

Eintrag	CAL-B [mg/mmol]	t [h]	Umsatz [%]	Ausbeute [%]	ee_P [%]	ee_S [%]	E(C,P)
1	150	4.5	50	33	>99	99	>200
2	100	4.5	55	13	81	98	42
3	100	3	50	30	>99	99	>200
4	100	2	40	37	98	65	195

a) berechnet aus 1H-NMR-Spektrum, b) berechnet aus HPLC-Spektrum, c) berechnet aus Umsatz und ee-Wert des Produkts.

7.2.1.12.2 *p*-Methylphenylamin (*rac*-85) als Substrat

Die Synthese von (*R*)-**86** erfolgte analog der AAV 6 mit den in Tabelle 39 aufgeführten Bedingungen. Nach Aufarbeitung konnte isoliertes Amid (*R*)-**86** erhalten werden. Hintergrundreaktionen konnten durch eine Reaktion ohne Enzymzugabe ausgeschlossen werden, da kein Umsatz festgestellt wurde (Eintrag 2).

Tabelle 39. Racematspaltung von *p*-Methylphenylethylamin (**85**)

Eintrag	CAL-B [mg/mmol]	Umsatz[a] [%]	Ausbeute [%]	ee_P[b] [%]	ee_S[c] [%]	E(C,P)[c]
1	200	48	38	99	91	>200
2	---	0	-	-	-	-

a) berechnet aus 1H-NMR-Spektrum, b) berechnet aus HPLC-Spektrum, c) berechnet aus Umsatz und *ee*-Wert des Produkts, --- nicht zugegeben.

7.2.1.12.3 1-Phenylpropylamin (*rac*-68) als Substrat

Mit dem Einsatz von *rac*-**68** wurde der Einfluss der Alkylkette des Substrats auf die enzymatische Racematspaltung untersucht. Die Synthese erfolgte analog der AAV 6 mit den in Tabelle 40 aufgeführten Bedingungen. Durch eine chemische Kontrollreaktion ohne Enzymzugabe konnten Hintergrundreaktionen ausgeschlossen werden, da kein Umsatz detektiert wurde (Eintrag 2).

Tabelle 40. Reaktion mit Phenylpropylamin (**68**)

Eintrag	CAL-B [mg/mmol]	Umsatz[a] [%]
1	200	28
2	---	0

a) berechnet aus 1H-NMR-Spektrum, --- nicht zugegeben

Zudem konnte das Amin **68** mit dem Sulfonylester **69** umgesetzt werden. Die Synthese erfolgte analog der AAV 6 mit den in Tabelle 41 beschriebenen Bedingungen. Auch hier konnten Hintergrundreaktionen ausgeschlossen werden, da eine Reaktion ohne Enzymzugabe keinen Umsatz lieferte (Eintrag 2).

Tabelle 41. Reaktion von Amin *rac*-**68** mit Acyldonor **69**

Eintrag	CAL-B [mg/mmol]	Umsatz[a] [%]	ee_P[b] [%]	ee_S[b] [%]	E(C,P)[c]
1	300	21	58	15	<5
2	---	0	-	-	-

a) berechnet aus 1H-NMR-Spektrum, b) berechnet aus HPLC-Spektrum, c) berechnet aus Umsatz und ee-Wert des Produkts, --- nicht zugegeben

7.2.1.12.4 3-Aminobutansäureethylester (*rac*-75) als Substrat

Für die biokatalytische Racematspaltung wurde zudem der β-Aminoester *rac*-75 verwendet. Die Reaktionsbedingungen wurden zunächst mit 3 als Acylierungsreagenz optimiert, um anschließend zwei weitere Acyldonoren (72 und 79) einzusetzen.

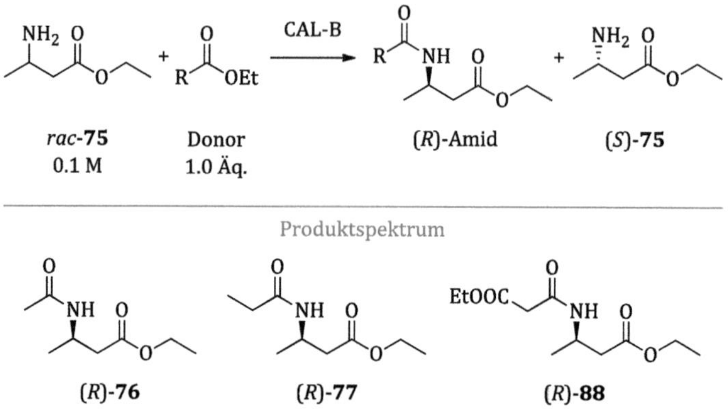

Abbildung 109. Enzymatische Racematspaltung des β–Aminoesters 75

7.2.1.12.4.1 Untersuchung der Standardreaktion

Die Bedingungen der Standardreaktion wurden zunächst auf das System mit dem β-Aminosäureester *rac*-75 übertragen (Eintrag 1). Zudem wurde bei verschiedenen Temperaturen (RT und 80°C) und nach unterschiedlichen Reaktionszeiten der Einfluss des verwendeten Acyldonors (EtOAc, 3) untersucht. Dieser wurde einerseits als Solvens (im Überschuss) und andererseits nur mit einem Äquivalent (und *n*-Heptan als Solvens) eingesetzt. Nebenreaktionen konnten durch entsprechende Reaktionen ohne Enzymzugabe ausgeschlossen werden (Eintrag 5 und 6). Des Weiteren konnte das erwartete Produkt 89 einer intermolekularen Reaktion (siehe Abbildung 110) nur bei Fernbleiben von Ethylacetat (3) beobachtet werden (Eintrag 7).

Tabelle 42. Optimierung der Reaktionsbedingungen

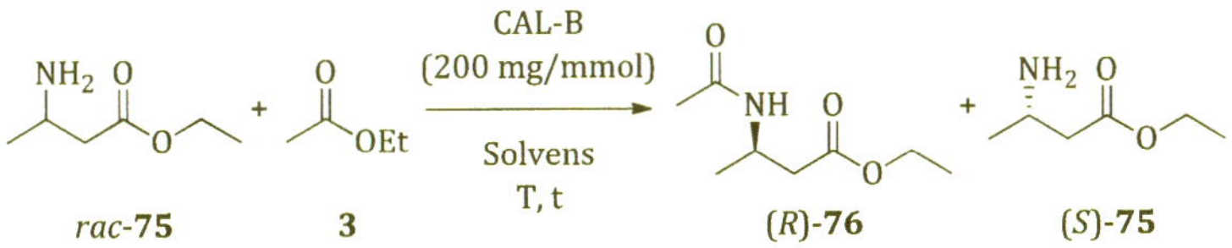

Eintrag	Acyldonor 3 Äq.	Solvens	CAL-B [mg/mmol]	t [h]	T [°C]	Umsatz [%]	ee_P [%]	ee_S [%]	E(C,P)
1	1.0	n-Heptan	200	4.5	80	46	76	65	14
2	100	EtOAc	200	4.5	80	63	57	95	12
3	1.0	n-Heptan	200	15	RT	34	90	46	30
4	100	EtOAc	200	15.5	RT	48	86	79	32
5	1.0	n-Heptan	---	18	RT	0	-	-	-
6	100	EtOAc	---	18	RT	0	-	-	-
7	---	n-Heptan	200	4.5	80	47	n.b.	n.b.	n.b.

Abbildung 110. Intermolekulare Reaktion des β-Aminosäureesters 75

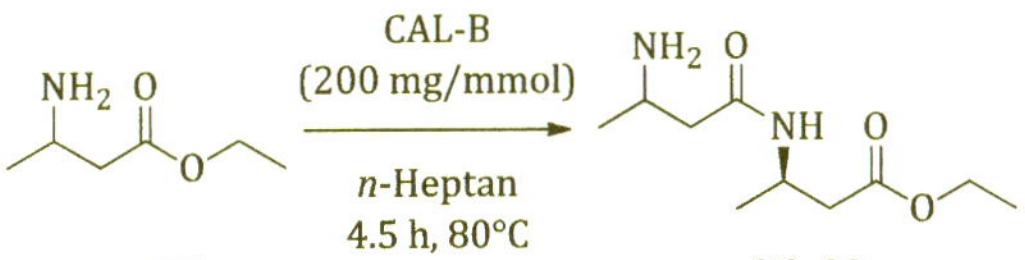

7.2.1.12.4.2 Variation der Acyldonoren

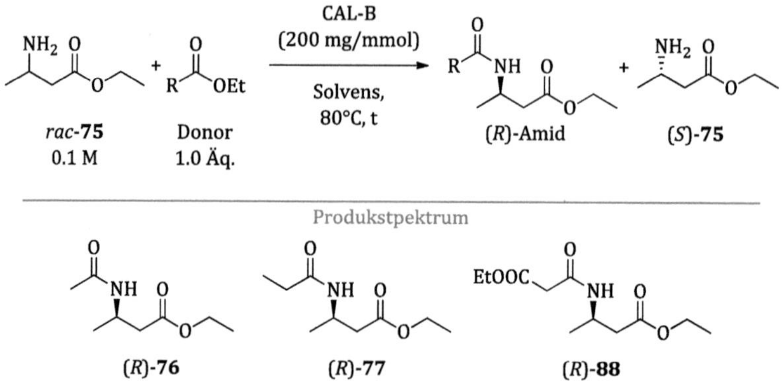

Abbildung 111. Variation der Acyldonoren und Produktspektrum

Für die Darstellung der Amide aus der β-Aminosäure **75** wurden die Acyldonoren Ethylacetat (**3**, siehe Abschnitt 7.2.1.12.4.1), Diethylmalonat (**72**) und Ethylpropionat (**79**) verwendet. Die Synthese erfolgte analog der AAV 7 mit den in Abbildung 111 dargestellten Bedingungen. Die Ergebnisse sind in Tabelle 43 aufgelistet.

Tabelle 43. Variation der Acyldonoren

Eintrag	Acyldonor	Produkt	t [h]	Umsatz[a] [%]	ee_P[b] [%]	ee_S[c] [%]	E(C,P)[c]
1	3	76	4.5	46	76	65	14
2	72	88	4.5	26	n.b.	n.b.	n.b.
3	79	77	4.5	59	65	95	16
4	79	77	3.3	55	80	96	34
5	79	77	2	40	88	59	28

a) berechnet aus ¹H-NMR-Spektrum, b) berechnet aus HPLC-Spektrum, c) berechnet aus Umsatz und ee-Wert des Produkts, n.b. nicht bestimmt.

7.2.2 Enzymatische Aldolreaktion

7.2.2.1 Allgemeine Arbeitsvorschrift 8 (AAV 8): Racematsynthese von β-Hydroxy-α-aminosäuren

$$\text{2-R-C}_6\text{H}_4\text{-CHO} + \text{H}_2\text{N-CH}_2\text{-COOH} \xrightarrow[\text{T, t}]{5\text{ M NaOH}} \text{2-R-C}_6\text{H}_4\text{-CH(OH)-CH(NH}_2\text{)-COOH}$$

2.5 M   0.5 Äq.

131 (R = Br)   **1**   *rac*-**117a** (R = Br)
132 (R = F)   *rac*-**135a** (R = F)
133 (R = Me)   *rac*-**136a** (R = Me)
134 (R = NO$_2$)   *rac*-**137a** (R = NO$_2$)

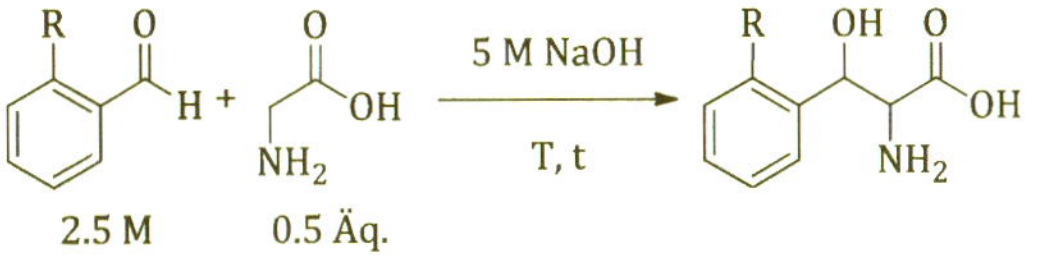

Abbildung 112. Racematsynthese von β-Hydroxy-α-aminosäuren

Zu einer Mischung aus Glycin (**1**, 1.25 M) in NaOH (5 M) wird das entsprechende Benzaldehydderivat (**131 – 134**, 2.0 Äq.) gegeben und bei 0 °C bzw. RT solange gerührt bis sich ein fester Niederschlag bildet, mindestens aber eine Stunde. Anschließend wird mit 5 M HCl angesäuert und mit DCM gewaschen (3x), um den verbliebenen Aldehyden zu entfernen. Die wässrige Phase wird am Rotationsverdampfer konzentriert und mit 1 M NaOH neutralisiert (pH 7 – 8). Der entstehende Niederschlag wird bei 4 °C für einige Stunden zum Ausfällen des gewünschten Produkts gelagert. Dieses wird schließlich abfiltriert und getrocknet (1. Fraktion). Durch Einengen der Mutterlauge kann erneut Produkt ausgefällt werden (weitere Fraktionen).

Das Rohprodukt wird gegebenenfalls in wenig Wasser gelöst und Ethanol zugegeben, um verbleibendes Glycin (**1**) auszufällen. Nach Absaugen des Feststoffes wird das Filtrat vollständig konzentriert, um das Produkt als Feststoff erhalten.

Der Umsatz wird nach Einengen der wässrigen Phase mittels ^{1}H-NMR-Spektroskopie anhand der Integralflächen des C*H*$_2$-Signals von Glycin (**1**) und dem entsprechenden C*H*-Signal im Produkt bestimmt. Aus den Integralflächen der Signale von C*H*-OH und C*H*-NH₂ des Produkts wird das Diastereomerenverhältnis bestimmt. Die Reinheit des Produkts wird mittels NMR-Standard (*tert*-Leucin, **140**) und ¹H-NMR-Spektroskopie überprüft.

7.2.2.1.1   Synthese von *rac-o*-Bromphenylserin (*rac*-117a)

Die Synthese erfolgt analog der AAV 8. Zu einer Mischung aus Glycin (**1**, 3.0 mmol, 225.2 mg) in NaOH (5 M, 2.4 ml) wird *o*-Brombenzaldehyd (**131**, 6.0 mmol, 700.4 µl) gegeben und bei RT für 3.5 Stunden gerührt. Die Aufarbeitung erfolgt analog der allgemeinen Arbeitsvorschrift. Das Produkt wird als weißer Feststoff erhalten. Umsatz: 61%, d.r. (*threo/erythro*) = 75:25. Zwei Fraktionen wurden isoliert (Reinheit >95%). 1. Fraktion: Ausbeute 13% (98.2 mg, 0.4 mmol), d.r. (*threo/erythro*) >99:1, 2. Fraktion: Ausbeute 19% (144.3 mg, 0.6 mmol), d.r. (*threo/erythro*) = 61:39.

rac-117a
$C_9H_{10}BrNO_3$
M = 260.08 g/mol

¹H-NMR (400 MHz, D₂O): δ (ppm) = 4.15 (d, ^3J = 4.00 Hz, 1 H, H-4, *threo/erythro*), 5.65 (d, ^3J = 3.61 Hz, 1 H, H-3, *threo/erythro*), 7.30 – 7.71 (m, 4 H, H^ar). ¹³C-NMR (100 MHz, D₂O): δ (ppm) = 56.57 (C-4, *erythro*), 57.19 (C-4, *threo*), 70.18 (C-3, *erythro*), 71.04 (C-3, *threo*), 121.23 (C^ar), 121.73 (C^ar), 128.07 (C^ar), 128.13 (C^ar), 128.61 (C^ar), 128.64 (C^ar), 130.62 (C^ar), 130.90 (C^ar), 133.08 (C^ar), 133.61 (C^ar), 137.17 (C-2, *threo*), 137.47 (C-2, *erythro*), 169.35 (C-5, *erythro*), 170.50 (C-5, *threo*). IR (ATR): v_{max} (cm⁻¹) = 3546.20, 3271.73, 1637.87, 1503.45, 1391.81, 1012.90, 753.80, 689.82, 651.08. MS (Maldi-TOF, sin): m/z (%) = 261 [M+H]⁺ (43).

Die analytischen Daten stimmen mit den Vergleichsdaten der Literatur überein.[93]

7.2.2.1.2 Synthese von *rac-o*-Fluorphenylserin (*rac*-135a)

Die Synthese erfolgt analog der AAV 8. Zu einer Mischung aus Glycin (**1**, 3.0 mmol, 225.2 mg) in NaOH (5 M, 2.4 ml) wird *o*-Fluorbenzaldehyd (**132**, 6.0 mmol, 744.7 mg) gegeben und bei RT für 6.5 Stunden gerührt. Die Aufarbeitung erfolgt analog der allgemeinen Arbeitsvorschrift. Das Produkt wird als weißer Feststoff erhalten. Umsatz: 89%, d.r. (*threo/erythro*) = 69:31. Nach Umkristallisieren in EtOH/H$_2$O (80:20, v/v) wurden zwei Fraktionen erhalten, die allerdings noch mit Glycin (**1**) verunreinigt waren. 1. Fraktion: Reinheit 82%, d.r. (*threo/erythro*) >95:5, 2. Fraktion: Reinheit 85%, d.r. (*threo/erythro*) = 61:39.

rac-135a
C$_9$H$_{10}$FNO$_3$
M = 199.18 g/mol

^{1}H-NMR (400 MHz, D$_2$O): δ (ppm) = 4.58 (d, ^3J = 4.00 Hz, 1 H, H-4, *threo*), 4.63 (d, ^3J = 3.20 Hz, 1 H, H-4, ery*thro*), 5.75 (d, ^3J = 3.60 Hz, 1 H, H-3, *erythro*), 5.82 (d, ^3J = 4.00 Hz, 1 H, H-3, *threo*), 7.10 – 7.77 (m, 4 H, H^{ar}). MS (Maldi-TOF, dhb): m/z (%) = 200 [M+H]$^+$ (100).

Die analytischen Daten stimmen mit den Vergleichsdaten der Literatur überein.[110]

7.2.2.1.3 Synthese von *rac-o*-Methylphenylserin (*rac*-136a)

Die Synthese erfolgt analog der AAV 8. Zu einer Mischung aus Glycin (**1**, 2.5 mmol, 187.6 mg) in NaOH (5 M, 2.0 ml) wird *o*-Methylbenzaldehyd (**133**, 5.0 mmol, 600.8 mg) gegeben und bei RT für 17 Stunden gerührt. Die Aufarbeitung erfolgt analog der allgemeinen Arbeitsvorschrift. Das Produkt wird als gelber Feststoff erhalten. Umsatz: 77%, d.r. (*threo/erythro*) = 71:29. Zwei Fraktionen wurden isoliert (Reinheit >95%), 1. Fraktion: Ausbeute 8%

(38.9 mg, 0.2 mmol), d.r. (*threo/erythro*) >99:1, 2. Fraktion: Ausbeute 11% (55.3 mg, 0.3 mmol), d.r. (*threo/erythro*) = 76:24.

$$\text{rac-136a} \quad C_{10}H_{13}NO_3 \quad M = 195.22 \text{ g/mol}$$

^{1}H-NMR (400 MHz, D$_2$O): δ (ppm) = 2.36 (s, 3 H, H-1), 3.90 (d, ^3J = 4.40 Hz, 1 H, H-5, *threo/erythro*), 5.53 (d, ^3J = 4.00 Hz, 1 H, H-4, *threo/erythro*), 7.28 – 7.56 (m, 4 H, H^{ar}). ^{13}C-NMR (100 MHz, D$_2$O): δ (ppm) = 18.92 (C-1), 59.72 (C-5), 69.06 (C-4), 126.24 (C^{ar}), 127.15 (C^{ar}), 129.49 (C^{ar}), 131.57 (C^{ar}), 135.64 (C-2), 137.99 (C-3), 172.88 (C-6). MS (Maldi-TOF, sin): m/z (%) = 196 (42) [M+H]$^+$.

Die analytischen Daten stimmen mit den Vergleichsdaten der Literatur überein.[93]

7.2.2.1.4 Synthese von *rac-o*-Nitrophenylserin (*rac*-137a)

Die Synthese erfolgt analog der AAV 8. Zu einer Mischung aus Glycin (**1**, 2.9 mmol, 217.6 mg) in NaOH (5 M, 2.3 ml) wird *o*-Nitrobenzaldehyd (**134**, 5.8 mmol, 876.4 mg) gegeben und bei RT für 1.5 Stunden gerührt. Aus dem Rohprodukt können Umsatz und Diastereomerenverhältnis bestimmt werden, sowie die ^{1}H-NMR-Daten. Die Aufarbeitung anhand der AAV lieferte lediglich Zersetzungsprodukte, die nicht charakterisiert wurden. Umsatz: 75%, d.r. (*threo/erythro*) = 87:13.

$$\text{rac-137a} \quad C_9H_{10}N_2O_5 \quad M = 226.19 \text{ g/mol}$$

^{1}H-NMR (400 MHz, D$_2$O): δ (ppm) = 4.59 (d, ^3J = 3.30 Hz, 1 H, H-4, *threo/erythro*), 5.85 (d, ^3J = 2.40 Hz, 1 H, H-3, *erythro*), 6.02 (d, ^3J = 3.30 Hz, 1 H, H-3, *threo*), 7.61 – 8.21 (m, 4 H, H^{ar}).

Die analytischen Daten stimmen mit den Vergleichsdaten der Literatur überein.[93]

7.2.2.2 Allgemeine Arbeitsvorschrift 9 (AAV 9): Derivatisierung der β-Hydroxy-α-aminosäuren mit Benzoylchlorid (138)

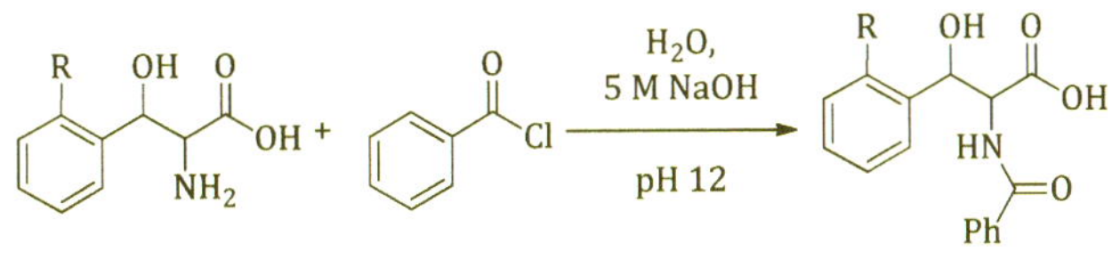

rac-**117a** (R = Br)
rac-**135a** (R = F)
rac-**136a** (R = Me)

138
1.5 Äq.

rac-**117b** (R = Br)
rac-**135b** (R = F)
rac-**136b** (R = Me)

Abbildung 113. Derivatisierung der racemischen β-Hydroxy-α-aminosäuren mit Benzoylchlorid (**138**)[101]

Das entsprechende Phenylserinderivat (rac-**117a**, rac-**135a** bzw. rac-**136a**) wird in (wenig) Wasser gelöst und nach Zugabe von NaOH (5 M) und Benzoylchlorid (**138**, 1.5 Äq.) für zwei Stunden bei Raumtemperatur gerührt. Der optimale pH-Wert der Reaktion liegt bei pH 12 und muss bei Bedarf durch Zugabe von NaOH (5 M) nachjustiert werden. Nach Ablauf der Reaktionszeit wird durch Zugabe von HCl (5 M) pH 1 eingestellt. Die wässrige Phase wird anschließend dreimal mit EtOAc extrahiert. Schließlich werden die vereinten organischen Phasen über MgSO$_4$ getrocknet und im Vakuum konzentriert. Durch Umkristallisation in Aceton/Isohexan kann das isolierte Produkt erhalten werden.

7.2.2.2.1 Synthese von *rac*-2-Benzamid-3-(2-bromphenyl)-3-hydroxypropansäure (*rac*-117b)

Die Synthese erfolgt analog der AAV 9. Das aus Abschnitt 7.2.2.1.1 erhaltene *o*-Bromphenylserin (**117a**, 0.1 mmol, 32.0 mg) wird in H_2O (1.7 ml) gelöst und nach Zugabe von NaOH (5 M, 0.1 ml) und Benzoylchlorid (**138**, 0.2 mmol, 21.4 µl) für zwei Stunden bei Raumtemperatur unter pH-Kontrolle gerührt. Die Aufarbeitung erfolgt gemäß der allgemeinen Arbeitsvorschrift. Das Produkt wird nach Umkristallisation (Aceton/Isohexan, 60:40, v/v) als weißer Feststoff erhalten. Ausbeute: 63% (22.9 mg, 0.06 mmol), d.r. (*threo*/*erythro*) = 60:40.

rac-**117b**
$C_{16}H_{14}BrNO_4$
M = 364.19 g/mol

^{1}H-NMR (300 MHz, At-d$_6$): δ (ppm) = 5.12 – 5.17 (m, 1 H, H-4 *erythro*), 5.26 – 5.30 (m, 1 H, H-4 *threo*), 5.51 (d, ^3J = 5.46 Hz, 1 H, H-3 *threo*), 5.83 (d, ^3J = 2.25 Hz, 1 H, H-3 *erythro*), 6.14 – 8.07 (m, 4 H, H^{ar}). ^{13}C-NMR (100 MHz, At-d$_6$): δ (ppm) = 62.50 (C-4), 73.01 (C-3), 122.06 (C^{ar}), 128.02 (C^{ar}), 129.15 (C^{ar}), 129.69 (C^{ar}), 130.01 (C^{ar}), 131.40 (C^{ar}), 132.18 (C^{ar}), 133.18 (C^{ar}), 141.39 (C-7), 165.03 (C-6), 167.49 (C-5). MS (Maldi-TOF, sin): m/z (%) = 365 [M+H]$^+$ (47). EA ($C_{16}H_{14}BrNO_4$): berechnet C: 52.77%, H: 3.87%, N: 3.85%, gefunden C: 53.01%, H: 3.99%, N: 3.57%. Smp.: 128°C. HPLC: OJ-H-Säule, 95:5:0.1 (Isohexan/*i*-PrOH/FA, v/v) 230 nm, flow: 0.8 ml/min, t$_r$ = 57.6 min (D-*erythro*), 62.4 min (D-*threo*), 67.7 min (L-*threo*), 73.5 min (L-*erythro*).

7.2.2.2.2 Synthese von *rac*-2-Benzamid-3-(2-fluorphenyl)-3-hydroxy-propansäure (*rac*-135b)

Die Synthese erfolgt analog der AAV 9. Das aus Abschnitt 7.2.2.1.2 erhaltene *o*-Fluorphenylserin (**135a**, 0.8 mmol, 150.1 mg) wird in H_2O (5.0 ml) gelöst und nach Zugabe von NaOH (5 M, 1.0 ml) und Benzoylchlorid (**138**, 1.1 mmol, 127.8 µl) für zwei Stunden bei Raumtemperatur unter pH-Kontrolle gerührt. Die Aufarbeitung erfolgt gemäß der allgemeinen Arbeitsvorschrift. Das Produkt wird nach Umkristallisation (Aceton/Isohexan, 70:30, v/v) als gelber Feststoff erhalten. Ausbeute: 8% (18.8 mg, 0.1 mmol), d.r. (*threo/erythro*) >95:5.

rac-**135b**
$C_{16}H_{14}FNO_4$
M = 303.29 g/mol

^{1}H-NMR (400 MHz, At-d$_6$): δ (ppm) = 5.03 – 5.06 (m, 2 H, H-4 *erythro/threo*), 5.28 (d, ^3J = 5.80 Hz, 1 H, H-3 *threo*), 5.52 (d, ^3J = 2.76 Hz, 1 H, H-3 *erythro*), 7.23 – 7.66 (m, 9 H, H^{ar}). ^{13}C-NMR (100 MHz, At-d$_6$): δ (ppm) = 61.91 (C-4), 72.46 (C-3), 115.89 (C^{ar}), 129.29 (C^{ar}), 130.40 (C^{ar}), 130.46 (C^{ar}) 131.44 (C^{ar}), 133.72 (C^{ar}), 141.39 (C^{ar}), 159.21 (C-1), 161.07 (C-6), 167.54 (C-5). IR (ATR): v_{max} (cm^{-1}) = 3070.48, 2961.82, 1679.90, 1524.72, 1323.50, 931.80, 704.62, 683.89, 665.75. MS (Maldi-TOF, sin): m/z (%) = 304 [M+H]$^+$ (31).

7.2.2.2.3 Synthese von *rac*- 2-Benzamid-3-hydroxy-3-(*o*-tolyl)propansäure (*rac*-136b)

Die Synthese erfolgt analog der AAV 9. Das aus Abschnitt 7.2.2.1.3 erhaltene *o*-Mehtylphenylserin (**136a**, 1.1 mmol, 208.0 mg) wird in H_2O (17.0 ml) gelöst und nach Zugabe von NaOH (5 M, 0.9 ml) und Benzoylchlorid (**138**, 1.6 mmol, 185.7 µl) für zwei Stunden bei Raumtemperatur unter pH-Kontrolle gerührt. Die

Aufarbeitung erfolgt gemäß der allgemeinen Arbeitsvorschrift. Das Produkt konnte auch nach mehrmaliger Umkristallisation (Aceton/Isohexan) nicht rein isoliert werden. Die analytischen Daten wurden anhand des Rohprodukts bestimmt.

rac-**136b**
$C_{17}H_{17}NO_4$
M = 299.32 g/mol

^{1}H-NMR (400 MHz, At-d$_6$): δ (ppm) = 2.44 (s, 3 H, H-1), 4.96 – 5.00 (m, 1 H, H-5, threo), 5.71 (d, ^3J = 2.40 Hz, 1 H, H-3, threo), 7.28 – 7.53 (m, 9 H, H^{ar}). ^{13}C-NMR (100 MHz, At-d$_6$): δ (ppm) = 19.52 (C-1), 58.40 (C-4), 70.02 (C-5), 126.13 (C^{ar}), 126.56 (C^{ar}), 128.43 (C^{ar}), 139.98 (C^{ar}), 132.00 (C^{ar}), 132.21 (C^{ar}), 132.88 (C^{ar}), 133.76 (C^{ar}), 135.51 (C^{ar}), 135.76 (C^{ar}), 141.12 (C-3), 167.84 (C-7), 173.09 (C-6).

7.2.2.3 Allgemeine Arbeitsvorschrift 10 (AAV 10): Enzymatische Aldolreaktion mit L-Threoninaldolasen

Das Benzaldehydderivat (0.1 M bzw. 0.25 M) wird in Puffer (TRIS, pH 8) gelöst. Glycin (**1**, 10.0 Äq.), PLP (50 µM) und Rohextrakt L-TA (aus *S. cerevisiae*, 25 U/ml, 70 U/mmol) werden zugegeben und bei RT für die angegebene Zeit geschüttelt.[93,102,111]

Für den Vergleich unterschiedlicher L-TAs wurde einmalig für die Synthese von L-Phenylserin (L-**14**) L-TA aus *E. coli* (70 U/mmol) eingesetzt (siehe auch Abschnitt 7.2.2.4.1).

<u>Variante A</u>: Derivatisierung (Analytikmethode: Benzoylchlorid, **138**)[101]
Anschließend wird die Reaktionslösung mittels NaOH (5 M) auf pH 12 eingestellt und Benzoylchlorid (**138**, 15.0 Äq.) zugegeben. Nach weiteren zwei Stunden bei RT im Schüttler und pH-Kontrolle wird HCl (5 M) zupipettiert, pH 1 eingestellt und mit EtOAc extrahiert. Die vereinten organischen Phasen werden

über MgSO$_4$ getrocknet und das Lösemittel am Rotationsverdampfer entfernt. Umsatz (relativ zu Glycin, **1**) und Diastereomerenverhältnis werden aus dem ^{1}H-NMR-Spektrum (in Aceton-d$_6$) bestimmt.

Diese Methode wird hauptsächlich verwendet, da einerseits die Handhabung in organischem Lösungsmittel leichter ist und andererseits nur die derivatisierten Produkte mittels chiraler HPLC vermessen werden können.

Variante B: NMR-Standard (Analytikmethode: *tert*-Leucin, **140**)[102]

Anschließend wird die Reaktionslösung mittels HCl (5 M) angesäuert, um das Enzym auszufällen, und *tert*-Leucin (**140**, 1.0 M, 1.0 Äq.) als NMR-Standard hinzugegeben. Nach dem Zentrifugieren (25 min, 13000 rpm), wird der Überstand vom Enzym abgetrennt und im Vakuum eingeengt. Umsatz (relativ zu *tert*-Leucin, **140**) und Diastereomerenverhältnis werden aus dem ^{1}H-NMR-Spektrum (in D$_2$O) bestimmt.

Variante C: Abbruch der Reaktion

Ist im Rohextrakt der verwendeten L-TA kein Glycerol enthalten, so kann die Umsatzbestimmung aus dem ^{1}H-NMR-Spektrum des Rohprodukts (ohne Zugabe des NMR-Standards **140**) erfolgen. Dazu wird nach Ende der Reaktionszeit mittels HCl (5 M) angesäuert, um das Enzym auszufällen. Nach dem Zentrifugieren der Lösung wird der wässrige Überstand abpipettiert, im Vakuum getrocknet und (in D$_2$O) mittels NMR-Spektroskopie vermessen.

7.2.2.3.1 Synthese von L-Phenylserin (L-**14**)

Die Synthese erfolgt analog der AAV 10. Benzaldehyd (**13**, 0.025 mmol, 2.7 mg) wird in Puffer (TRIS, pH 8, 110.0 µl) gelöst. Glycin (**1**, 0.25 mmol, 18.8 mg), PLP (50 µM) und Rohextrakt L-TA (aus *S. cerevisiae*, 70.0 µl, in Glycerol, 50:50, v/v) werden zugegeben und bei RT für 17.5 h geschüttelt. Die Aufarbeitung erfolgt gemäß der allgemeinen Arbeitsvorschrift, Variante A, Umsatz: 81%, d.r.

(*threo/erythro*) = 60:40, bzw. Variante B, Umsatz: 78%, d.r. (*threo/erythro*) = 61:39.

L-14a
$C_9H_{11}NO_3$
M = 181.19 g/mol

¹H-NMR (400 MHz, D₂O): δ (ppm) = 4.31 (d, ^3J = 3.76 Hz, 1 H, H-3 *erythro*), 4.40 (d, ^3J = 4.04 Hz, 1 H, H-3 *threo*), 5.35 (d, ^3J = 4.04 Hz, 1 H, H-2 *erythro*), 5.42 (d, ^3J = 4.04 Hz, 1 H, H-2 *threo*), 7.24 – 7.73 (m, 5 H, H^{ar}).

L-14b
$C_{16}H_{15}NO_4$
M = 285.29 g/mol

¹H-NMR (400 MHz, At-d₆): δ (ppm) = 4.98 – 5.02 (m, 1 H, H-3, *erythro/threo*), 5.27 (d, ^3J = 6.00 Hz, 1 H, H-2, *erythro*), 5.49 (d, ^3J = 2.88 Hz, 1 H, H-2, *threo*), 7.50 – 7.71 (m, 10 H, H^{ar}).

Die spektroskopischen Daten stimmen mit den Vergleichsdaten aus der Literatur überein.[102,112]

7.2.2.3.2 Synthese von L-*ortho*-Chlorphenylserin (L-139)

Die Synthese erfolgt analog der AAV 10. Zu *o*-Chlorbenzaldehyd (**141**, 0.07 mmol, 9.8 mg) in Puffer (TRIS, pH 8, 308.0 µl) wird Glycin (**1**, 0.7 mmol, 52.5 mg), PLP (50 µM) und Rohextrakt L-TA (aus *S. cerevisiae*, 392.0 µl, in Glycerol, 50:50, v/v) gegeben und bei RT für 17.5 h geschüttelt. Die Aufarbeitung erfolgt gemäß der allgemeinen Arbeitsvorschrift, Variante A bzw. B. Umsatz: 92%, d.r. (*threo/erythro*) = 82:18, *ee*-Wert: >99% (Variante B).

> L-**139a**
> C₉H₁₀ClNO₃
> M = 215.63 g/mol

¹H-NMR (400 MHz, D₂O): δ (ppm) = 1.12 (s, 9 H, *tert*-Leu), 5.58 (d, ^3J = 3.28 Hz, 1 H, H-3, *erythro*), 5.76 – 5.79 (m, 1 H, H-3, *threo*), 7.39 – 7.68 (m, 4 H, H^ar).

> L-**139b**
> C₁₆H₁₄ClNO₄
> M = 319.74 g/mol

¹H-NMR (400 MHz, At-d₆): δ (ppm) = 5.13 – 5.17 (m, 2 H, H-3, *erythro*), 5.23 – 5.26 (m, 2 H, H-3, *threo*), 5.57 (d, ^3J = 5.31 Hz, 1 H, H-4, *erythro*), 5.88 (d, ^3J = 2.02 Hz, 1 H, H-4, *threo*), 7.22 – 8.06 (m, 9 H, H^ar). ¹³C-NMR (100 MHz, At-d₆): δ (ppm) = 56.50 (C-3), 71.01 (C-4), 127.16 (C^ar), 128.05 (C^ar), 129.13 (C^ar), 129.59 (C^ar), 132.01 (C^ar), 134.21 (C^ar), 135.20 (C^ar), 168.12 (C-6), 170.47 (C-5). HPLC: OJ-H-Säule, 95:5:0.1 (Isohexan/*i*-PrOH/FA, v/v) 230 nm, flow: 0.8 ml/min, t_r = 52.6 min (D- *threo/erythro*), 59.5 min (L-*threo*), 63.8 min (L-*erythro*).

Die spektroskopischen Daten stimmen mit den Vergleichsdaten aus der Literatur überein.[93,102]

7.2.2.3.3 Synthese von L-*meta*-Chlorphenylserin (L-144)

Die Synthese erfolgt analog der AAV 10. Zu *m*-Chlorbenzaldehyd (**142**, 0.025 mmol, 3.5 mg) in Puffer (TRIS, pH 8, 110.0 µl) wird Glycin (**1**, 0.25 mmol, 18.8 mg), PLP (50 µM) und Rohextrakt L-TA (aus *S. cerevisiae*, 140.0 µl, in Glycerol, 50:50, v/v) gegeben und bei RT für 17.5 h geschüttelt. Die Aufarbeitung erfolgt gemäß der allgemeinen Arbeitsvorschrift, Variante A. Umsatz: 85%, d.r. (*threo/erythro*) = 76:24.

L-144b
C$_{16}$H$_{14}$ClNO$_4$
M = 319.74 g/mol

^{1}H-NMR (400 MHz, At-d$_6$): δ (ppm) = 5.03 – 5.06 (m, 2 H, H-5, erythro/threo), 5.28 (d, ^3J = 5.80 Hz, 1 H, H-4, threo), 5.52 (d, ^3J = 2.76 Hz, 1 H, H-4, erythro), 7.23 – 7.66 (m, 9 H, H^{ar}).

Die analytischen Daten stimmen mit den Vergleichsdaten aus der Literatur überein.[102]

7.2.2.3.4   Synthese von L-*para*-Chlorphenylserin (L-145)

Die Synthese erfolgt analog der AAV 10. Zu *p*-Chlorbenzaldehyd (**143**, 0.025 mmol, 3.5 mg) in Puffer (TRIS, pH 8, 110.0 µl) wird Glycin (**1**, 0.25 mmol, 18.8 mg), PLP (50 µM) und Rohextrakt L-TA (aus *S. cerevisiae*, 140.0 µl, in Glycerol, 50:50, v/v) gegeben und bei RT für 17.5 h geschüttelt. Die Aufarbeitung erfolgt gemäß der allgemeinen Arbeitsvorschrift, Variante A. Umsatz: 30%, d.r. (*threo*/*erythro*) = 75:25.

L-145b
C$_{16}$H$_{14}$ClNO$_4$
M = 319.74 g/mol

^{1}H-NMR (400 MHz, At-d$_6$): δ (ppm) = 5.00 – 5.04 (m, 2 H, H-6, erythro/threo), 5.27 (d, ^3J = 5.88 Hz, 1 H, H-5, threo), 5.50 (d, ^3J = 2.44 Hz, 1 H, H-5, erythro), 7.24 – 7.86 (m, 9 H, H^{ar}).

Die analytischen Daten stimmen mit den Vergleichsdaten aus der Literatur überein.[102]

7.2.2.3.5 Synthese von L-*ortho*-Bromphenylserin (L-117)

Die Synthese erfolgt analog der AAV 10. Zu *o*-Brombenzaldehyd (**131**, 0.025 mmol, 4.7 mg) in Puffer (TRIS, pH 8, 112.0 µl) wird Glycin (**1**, 0.254 mmol, 19.1 mg), PLP (50 µM) und Rohextrakt L-TA (aus *S. cerevisiae*, 142.0 µl, in Glycerol, 50:50, v/v) gegeben und bei RT für 17.5 h geschüttelt. Die Aufarbeitung erfolgt gemäß der allgemeinen Arbeitsvorschrift, Variante A bzw. Variante B. Umsatz: 69%, d.r. (*threo/erythro*) = 65:35, *ee*-Wert: >99%.

> L-**117a**
> $C_9H_{10}BrNO_3$
> M = 260.08 g/mol

^{1}H-NMR (400 MHz, D$_2$O): δ (ppm) = 4.15 (d, ^3J = 4.00 Hz, 1 H, H-4, *threo/erythro*), 5.65 (d, ^3J = 3.61 Hz, 1 H, H-3 *threo/erythro*), 7.30 – 7.71 (m, 4 H, H^{ar}). ^{13}C-NMR (100 MHz, D$_2$O): δ (ppm) = 56.57 (C-4, *erythro*), 57.19 (C-4, *threo*), 70.18 (C-3, *erythro*), 71.04 (C-3, *threo*), 121.23 (C^{ar}), 121.73 (C^{ar}), 128.07 (C^{ar}), 128.13 (C^{ar}), 128.61 (C^{ar}), 128.64 (C^{ar}), 130.62 (C^{ar}), 130.90 (C^{ar}), 133.08 (C^{ar}), 133.61 (C^{ar}), 137.17 (C-2, *threo*), 137.47 (C-2, *erythro*), 169.35 (C-5, *erythro*), 170.50 (C-5, *threo*).

> L-**117b**
> $C_{16}H_{14}BrNO_4$
> M = 364.19 g/mol

^{1}H-NMR (300 MHz, At-d$_6$): δ (ppm) = 5.12 – 5.17 (m, 1 H, H-3, *erythro*), 5.26 – 5.30 (m, 1 H, H-3, *threo*), 5.51 (d, ^3J = 5.46 Hz, 1 H, H-4, *threo*), 5.83 (d, ^3J = 2.25 Hz, 1 H, H-4, *erythro*), 6.14 – 8.07 (m, 9 H, H^{ar}). ^{13}C-NMR (100 MHz, At-d$_6$): δ (ppm) = 62.50 (C-3), 73.01 (C-4), 122.06 (C^{ar}), 128.02 (C^{ar}), 129.15 (C^{ar}), 129.69 (C^{ar}), 130.01 (C^{ar}), 131.40 (C^{ar}), 132.18 (C^{ar}), 133.18 (C^{ar}), 141.39 (C-7), 165.03 (C-6), 167.49 (C-5). HPLC: OJ-H-Säule, 95:5:0.1

(Isohexan/*i*-PrOH/FA, v/v) 230 nm, flow: 0.8 ml/min, t_r = 57.6 min (D-*erythro*), 62.3 min (D-*threo*), 67.7 min (L-*threo*), 73.5 min (L-*erythro*).

Die analytischen Daten stimmen mit den Vergleichsdaten aus Abschnitt 7.2.2.1.1, sowie 0 und der Literatur überein.[93]

7.2.2.3.6 Synthese von L-*ortho*-Fluorphenylserin (L-135)

Die Synthese erfolgt analog der AAV 10. Zu *o*-Fluorbenzaldehyd (**132**, 0.019 mmol, 2.4 mg) in Puffer (TRIS, pH 8, 85.1 µl) wird Glycin (**1**, 0.193 mmol, 14.5 mg), PLP (50 µM) und Rohextrakt L-TA (aus *S. cerevisiae*, 108.3 µl, in Glycerol, 50:50, v/v) gegeben und bei RT für 17.5 h geschüttelt. Die Aufarbeitung erfolgt gemäß der allgemeinen Arbeitsvorschrift, Variante A. Umsatz: 87%, d.r. (*threo/erythro*) = 75:25.

L-135b
$C_{16}H_{14}FNO_4$
M = 303.29 g/mol

^{1}H-NMR (400 MHz, At-d$_6$): δ (ppm) = 5.03 – 5.06 (m, 1 H, H-4 *erythro/threo*), 5.28 (d, ^3J = 5.80 Hz, 1 H, H-3 *threo*), 5.52 (d, ^3J = 2.76 Hz, 1 H, H-3 *erythro*), 7.23 – 7.66 (m, 9 H, H^{ar}).

Die analytischen Daten stimmen mit den Vergleichsdaten aus 7.2.2.1.2 und der Literatur überein.[102]

7.2.2.3.7 Synthese von L-*ortho*-Methylphenylserin (L-136)

Die Synthese erfolgt analog der AAV 10. Zu *o*-Methylbenzaldehyd (**133**, 0.032 mmol, 3.9 mg) in Puffer (TRIS, pH 8, 142.8 µl) wird Glycin (**1**, 0.325 mmol, 24.4 mg), PLP (50 µM) und Rohextrakt L-TA (aus *S. cerevisiae*, 181.8 µl, in Glycerol, 50:50, v/v) gegeben und bei RT für 17.5 h geschüttelt. Die Aufarbeitung erfolgt gemäß der allgemeinen Arbeitsvorschrift, Variante A, Umsatz: 24%, d.r. (*threo/erythro*) = 72:28 bzw. Variante B, Umsatz: 23%, d.r. (*threo/erythro*) = 78:22.

L-136a
C₁₀H₁₃NO₃
M = 195.22 g/mol

¹H-NMR (400 MHz, D₂O): δ (ppm) = 1.12 (s, 9 H, *tert*-Leu), 2.36 (s, 3 H, H-1), 3.90 (d, ³*J* = 4.40 Hz, 1 H, H-5 (NH₃⁺), *threo/erythro*), 5.53 (d, ³*J* = 4.00 Hz, 1 H, H-4, *threo/erythro*), 7.28 – 7.56 (m, 4 H, H^ar).

L-136b
C₁₇H₁₇NO₄
M = 299.32 g/mol

¹H-NMR (400 MHz, At-d₆): δ (ppm) = 2.43 (s, 3 H, H-1), 4.96 – 5.04 (m, 1 H, H-4, *threo/erythro*), 5.41 – 5.43 (m, 1 H, H-5, *erythro*), 5.70 (d, ³*J* = 7.07 Hz, 1 H, H-5, *threo*) 7.28 – 7.45 (m, 9 H, H^ar).

Die analytischen Daten stimmen mit den Vergleichsdaten aus Abschnitt 7.2.2.1.3, sowie 7.2.2.2.3 und der Literatur überein.[102]

7.2.2.3.8 Synthese von L-*ortho*-Nitrophenylserin (L-137)

Die Synthese erfolgt analog der AAV 10. Zu *o*-Nitrobenzaldehyd (**134**, 0.025 mmol, 3.8 mg) in Puffer (TRIS, pH 8, 110.0 µl) wird Glycin (**1**, 0.250 mmol, 18.8 mg), PLP (50 µM) und Rohextrakt L-TA (aus *S. cerevisiae*, 140.0 µl, in Glycerol, 50:50, v/v) gegeben und bei RT für 17.5 h geschüttelt. Die Aufarbeitung erfolgt gemäß der allgemeinen Arbeitsvorschrift, Variante A bzw. Variante B. Umsatz: 77%, d.r. (*threo/erythro*) = 70:30.

L-137a
C₉H₁₀N₂O₅
M = 226.06 g/mol

^{1}H-NMR (400 MHz, D$_2$O): δ (ppm) = 1.10 (s, 9 H, tert-Leu), 5.86 (d, ^3J = 2.53 Hz, 1-H, H-3, erythro), 6.02 (d, ^3J = 3.54 Hz, 1 H, H-3, threo), 7.66 – 8.22 (m, 4 H, H^{ar}).

OMe OH O
ph–CH(NO$_2$)–CH(OH)–C(=O)OH
HN–C(=O)–Ph

L-137b
C$_{16}$H$_{14}$N$_2$O$_6$
M = 330.29 g/mol

^{1}H-NMR (400 MHz, At-d$_6$): δ (ppm) = 5.07 – 5.09 (m, 1 H, H-4, threo), 5.42 – 5.45 (m, 1 H, H-4, erythro), 5.77 (d, ^3J = 6.56 Hz, 1 H, H-3, erythro), 6.16 (d, ^3J = 2.28 Hz, 1 H, H-3, threo), 7.41 – 8.08 (m, 9 H, H^{ar}).

Die analytischen Daten stimmen mit den Vergleichsdaten aus Abschnitt 7.2.2.1.4 und der Literatur überein.[93,102]

7.2.2.3.9   Synthese von L-*ortho*-Methoxyphenylserin (L-147)

Die Synthese erfolgt analog der AAV 10. Zu *o*-Methoxybenzaldehyd (**150**, 0.021 mmol, 2.8 mg) in Puffer (TRIS, pH 8, 90.5 µl) wird Glycin (**1**, 0.206 mmol, 15.4 mg), PLP (50 µM) und Rohextrakt L-TA (aus *S. cerevisiae*, 115.2 µl, in Glycerol, 50:50, v/v) gegeben und bei RT für 17.5 h geschüttelt. Die Aufarbeitung erfolgt gemäß der allgemeinen Arbeitsvorschrift, Variante A, Umsatz: 70%, d.r. (*threo/erythro*) = 68:32; bzw. Variante B, Umsatz: 75%, d.r. (*threo/erythro*) = 72:28.

L-147a
C$_{10}$H$_{13}$NO$_4$
M = 211.21 g/mol

^{1}H-NMR (400 MHz, D$_2$O): δ (ppm) = 1.07 (s, 9 H, tert-Leu), 4.05 (d, ^3J = 3.60 Hz, 1 H, H-4, threo), 4.12 (d, ^3J = 2.51 Hz, 1 H, H-4, erythro), 5.47 (d, ^3J = 2.47 Hz, 1-H, H-3, erythro), 5.59 (d, ^3J = 3.58 Hz, 1 H, H-3, threo), 7.05 – 7.49 (m, 4 H, H^{ar}).

L-147b
C₁₇H₁₇NO₅
M = 315.32 g/mol

¹H-NMR (400 MHz, At-d₆): δ (ppm) = 4.97 – 5.00 (m, 1 H, H-4, *erythro*), 5.16 – 5.19 (m, 1 H, H-4, *threo*), 5.49 (d, ^3J = 5.56 Hz, 1 H, H-3, *threo*), 5.78 (d, ^3J = 2.28 Hz, 1 H, H-3, eryt*hro*), 6.86 – 8.03 (m, 9 H, H^ar).

Die analytischen Daten stimmen mit den Vergleichsdaten aus der Literatur überein.[102]

7.2.2.3.10 Synthese von L-*para*-Methylsulfonylphenylserin (L-149)

Die Synthese erfolgt analog der AAV 10. Zu *p*-Methylsulfonylbenzaldehyd (**148**, 0.032 mmol, 5.9 mg) in Puffer (TRIS, pH 8, 140.9 µl) wird Glycin (**1**, 0.320 mmol, 24.0 mg), PLP (50 µM) und Rohextrakt L-TA (aus *S. cerevisiae*, 179.4 µl, in Glycerol, 50:50, v/v) gegeben und bei RT für 17.5 h geschüttelt. Die Aufarbeitung erfolgt gemäß der allgemeinen Arbeitsvorschrift, Variante A. Umsatz: 22%, d.r. (*threo/erythro*) = 60:40.

L-149b
C₁₇H₁₇NO₆S
M = 363.38 g/mol

¹H-NMR (400 MHz, At-d₆): δ (ppm) = 3.07 (s, 3 H, H-7), 5.04 – 5.11 (m, 1 H, H-2 *threo/erythro*), 5.31 (d, ^3J = 5.41 Hz, 1 H, H-3, *threo*), 5.63 (d, ^3J = 3.03 Hz, 1 H, H-3, eryt*hro*), 7.23 – 7.66 (m, 9 H, H^ar).

7.2.2.4 Standardreaktion

7.2.2.4.1 Vergleich von L-TA aus *E. coli* und *S. cerevisiae*

Zunächst wurden die Umsätze der enzymatischen Aldolreaktion mit L-TA aus *E. coli* und L-TA aus *S. cerevisiae* verglichen. Die Synthese von L-Phenylserin (L-**14b**) erfolgte analog der AAV 10. Dazu wurden jeweils Benzaldehyd (**13**, 0.025 mmol, 2.6 µl), Glycin (**1**, 0.25 mmol, 18.8 mg) und PLP (50 µM) mit der entsprechenden L-TA (70 U/mmol) eingesetzt. Die Aufarbeitung erfolgte gemäß der allgemeinen Arbeitsvorschrift, Variante A. Die Ergebnisse sind in Tabelle 44 aufgeführt.

Tabelle 44. Vergleich von L-TA aus *E. coli* und *S. cerevisiae*

Eintrag	L-TA	Umsatz[a] [%]	d.r.[a] (threo/erythro)
1	*E. coli*	70	65:35
2	*S. cerevisiae*	80	67:33

a) berechnet aus ¹H-NMR-Spektrum.

7.2.2.4.2 Umsatzbestimmung mittels ¹H-NMR-Spektroskopie

Für die Umsatzbestimmung konnten zwei unterschiedliche Methoden herangezogen werden. Zum einen die Derivatisierung der α-Hydroxy-β-aminosäure mittels Benzoylchlorid (**138**)[101] und zum anderen die Verwendung eines NMR-Standards, *tert*-Leucin (**140**)[102]. Die Synthese erfolgte analog der AAV 10. Dazu wurden jeweils Benzaldehyd (**13**, 0.025 mmol, 2.6 µl), Glycin (**1**, 0.25 mmol, 18.8 mg) und PLP (50 µM) mit L-TA aus *S. cerevisiae* (140.0 µl, 50:50 in Glycerol, v/v) und Puffer (TRIS, pH 8, 110.0 µl) eingesetzt. Die Aufarbeitung erfolgt gemäß der allgemeinen Arbeitsvorschrift, Variante A (Tabelle 45, Eintrag 1; entspricht Tabelle 44, Eintrag 2) bzw. Variante B (Eintrag 2).

Tabelle 45. Methoden zur Umsatzbestimmung

Eintrag	Methode	Umsatz[a] [%]	d.r.[a] (*threo/erythro*)
1	Variante A Derivatisierung mit BzCl (**138**)	80	67:33
2	Variante B *tert*-Leucin (**140**) als NMR-Standard	78	61:39

[a] berechnet aus ¹H-NMR-Spektrum.

7.2.2.4.3 Einfluss des Cofaktors PLP

Der Einfluss des Cofaktors PLP wurde im Folgenden getestet. Die Synthese erfolgte analog der AAV 10. Dazu wurden jeweils Benzaldehyd (**13**, 0.025 mmol, 2.6 µl) und Glycin (**1**, 0.25 mmol, 18.8 mg) mit L-TA aus *S. cerevisiae* (140.0 µl, 50:50 in Glycerol, v/v) und Puffer (TRIS, pH 8, 110.0 µl) eingesetzt. Die Zugabe von PLP (50 µM) ist in Tabelle 46 angegeben. Die Aufarbeitung erfolgte gemäß der allgemeinen Arbeitsvorschrift, Variante B.

Tabelle 46. Einfluss des Cofaktors

Eintrag	Cofaktor	Umsatz[a] [%]	d.r.[a] (threo/erythro)
1	+ PLP (50 µM)	78	61:39
2	ohne PLP-Zusatz	53	56:44

a) berechnet aus ^{1}H-NMR-Spektrum.

7.2.2.5 Substratbreite

7.2.2.5.1 Einfluss des Substitutionsmusters

Anhand der Chlorbenzaldehyde **141**, **142** und **143** wurde der Einfluss des Substitutionsmusters untersucht. Die Ergebnisse sind in Tabelle 47 dargestellt. Die Synthese erfolgte analog der AAV 10. Dazu wurde der entsprechende chlorsubstituierte Aldehyd (**141**, **142** oder **143**) und Glycin (**1**) mit L-TA aus *S. cerevisiae* (70 U/mmol, 50:50 in Glycerol, v/v) sowie PLP (50 µM) eingesetzt. Die Substratkonzentration für alle Reaktionen betrug 100 mM. Die Aufarbeitung erfolgte gemäß der allgemeinen Arbeitsvorschrift, Variante A.

Tabelle 47. Einfluss des Substitutionsmusters am Beispiel chlorsubstituierter Benzaldehyde **141 - 143**

Cl—⟨⟩—CHO + HOCH₂C(O)NH₂ →(L-TA (*S. cerevisiae*) (70 U/mmol), PLP (50 µM), Puffer pH 8, RT, 17.5 h)→ Cl—⟨⟩—CH(OH)CH(NH₂)COOH

141 (*o*-Cl)   **1**   L-**139** (*o*-Cl)
142 (*m*-Cl)   L-**144** (*m*-Cl)
143 (*p*-Cl)   L-**145** (*p*-Cl)
0.1 M   10.0 Äq.

Eintrag	Aldehyd	Produkt	Umsatz [%]	d.r. (*threo/erythro*)
1	**141**	L-**139**	92	82:18
2	**142**	L-**144**	85	76:24
3	**143**	L-**145**	30	75:25

a) berechnet aus ¹H-NMR-Spektrum

7.2.2.5.2 Einsatz *ortho*-substituierter Benzaldehyde

Neben *o*-Chlorbenzaldehyd (**141**) aus vorangegangenem Abschnitt (7.2.2.5.1) wurde eine Auswahl weiterer *ortho*-substituierter Benzaldehyde untersucht (Tabelle 48). Die Synthese erfolgte analog der AAV 10, Variante A, mit einer Substratkonzentration von 100 mM.

Tabelle 48. Enzymatische Aldolreaktion mit 100 mM Aldehydkonzentration

R-C6H4-CHO + Glycin →[L-TA (S. cerevisiae) (70 U/mmol); PLP (50 µM); Puffer pH 8; RT, 17.5 h] L-β-Hydroxy-α-Aminosäure

131 (R = Br)
132 (R = F)
133 (R = Me)
134 (R = NO_2)
150 (R = OMe)
151 (R = OH)

1

L-117 (R = Br)
L-135 (R = F)
L-136 (R = Me)
L-137 (R = NO_2)
L-147 (R = OMe)
L-146 (R = OH)

0.1 M   10.0 Äq.

Eintrag	Aldehyd	Produkt	Umsatz[a] [%]	d.r.[a] (threo/erythro)
1	131	117	69	65:35
2	132	135	87	75:25
3	133	136	24	72:28
4	134	137	77	70:30
5	150	147	75	72:28
6	151	146	<5	n.b.

a) berechnet aus ^{1}H-NMR-Spektrum, n.b. nicht bestimmt.

7.2.2.5.3 Thiamphenicol-Substrate

Eine weitere Substratklasse für die enzymatische Aldolreaktion sind schwefelhaltige Aldehyde wie **8** und **148**. Die Synthese der Thiamphenicol-Derivate L-**10** und L-**149** erfolgte analog der AAV 10, Variante A, mit einer Substratkonzentration von 100 mM (siehe auch Abschnitt 7.2.2.3.10). Die Ergebnisse sind in Tabelle 49 aufgeführt.

Tabelle 49. Enzymatische Aldolreaktion mit den Substraten **8** und **148**

$$\underset{\substack{\textbf{8 R = SMe}\\\textbf{148 R = SO}_2\textbf{Me}\\0.1\text{ M}}}{\text{R}\diagdown\text{C}_6\text{H}_4\text{-CHO}} + \underset{\substack{\textbf{1}\\10.0\text{ Äq.}}}{\text{H}_2\text{N-CH}_2\text{-COOH}} \xrightarrow[\substack{\text{PLP (50 µM)}\\\text{Puffer pH 8}\\\text{RT, t}}]{\substack{\text{L-TA}\\(S.\text{ cerevisiae})\\(70\text{ U/mmol})}} \underset{\substack{\textbf{L-10 R = SMe}\\\textbf{L-149 R = SO}_2\textbf{Me}}}{\text{R}\diagdown\text{C}_6\text{H}_4\text{-CH(OH)-CH(NH}_2)\text{-COOH}}$$

Eintrag	Aldehyd	Produkt	Zeit [h]	Umsatz [%]	d.r. (threo/erythro)
1	8	10	17.5	<1	n.b.
2	148	149	17.5	22	60:40
3	148	149	51	27	65:35

a) berechnet aus ^{1}H-NMR-Spektrum, n.b. nicht bestimmt

7.2.2.6 Erhöhung der Substratkonzentration

Die Erhöhung der Substratkonzentration von 100 mM auf 250 mM erfolgte analog der AAV 10, Variante A. Hierfür wurde das Rohextrakt L-TA (*S. cerevisiae*) nicht in Glycerol (50:50, v/v) zugegeben, sondern in unverdünnter Form, da ansonsten die vorgegebenen 70 U/mmol nicht erreicht werden konnten. Die Ergebnisse für die Umsetzung der jeweiligen Aldehyde sind in Tabelle 50 dargestellt.

Tabelle 50. Aldolreaktion mit 250 mM Aldehydkonzentration

R—C₆H₄—CHO + Glycin-OH (NH₂) → [L-TA (S. cerevisiae) (70 U/mmol), PLP (50 µM), Puffer pH 8, RT, 17.5 h] → R—C₆H₄—CH(OH)—CH(NH₂)—COOH

13 (R = H)		L-**14** (R = H)
131 (R = o-Br)	**1**	L-**117** (R = o-Br)
132 (R = o-F)		L-**135** (R = o-F)
133 (R = o-Me)		L-**136** (R = o-Me)
134 (R = o-NO₂)		L-**137** (R = o-NO₂)
141 (R = o-Cl)		L-**139** (R = o-Cl)
142 (R = m-Cl)		L-**144** (R = m-Cl)
143 (R = p-Cl)		L-**145** (R = p-Cl)
150 (R = o-OMe)		L-**147** (R = o-OMe)
0.25 M	10.0 Äq.	

Eintrag	Aldehyd	Produkt	Umsatz[a] [%]	d.r.[a] (threo/erythro)
1	13	14	46	60:40
2	131	117	48	90:10
3	132	135	29	84:16
4	133	136	<5	>90:10
5	134	137	52	75:25
6	141	139	93	80:20
7	142	144	5	53:47
8	143	145	<5	64:36
9	150	147	24	>95:5

a) berechnet aus ¹H-NMR-Spektrum.

7.2.2.7 Prozessentwicklung unter Berücksichtigung der thermodynamischen und kinetischen Kontrolle

Weitere Untersuchungen im Hinblick auf den Umsatz und das Diastereomerenverhältnisses von *o*-Bromphenylserin (**117**) wurden durch Erhöhung der Reaktionszeit durchgeführt. Die Synthese erfolgte analog der AAV 10, Variante A. Die Ergebnisse sind in Tabelle 51 aufgeführt.

Tabelle 51. Untersuchung des Diastereomerenverhältnisses

Eintrag	Aldehyd **131** [mM]	L-TA [U/mmol]	t [h]	Umsatz [%]	d.r. (*threo/erythro*)
1	100	70	17.5	69	65:35
2	250	70	17.5	48	90:10
3	250	70	66	75	78:22
4	250	100	69	37	75:25

a) berechnet aus ^{1}H-NMR-Spektrum.

7.2.2.8 Scale-Up und Produktisolierung

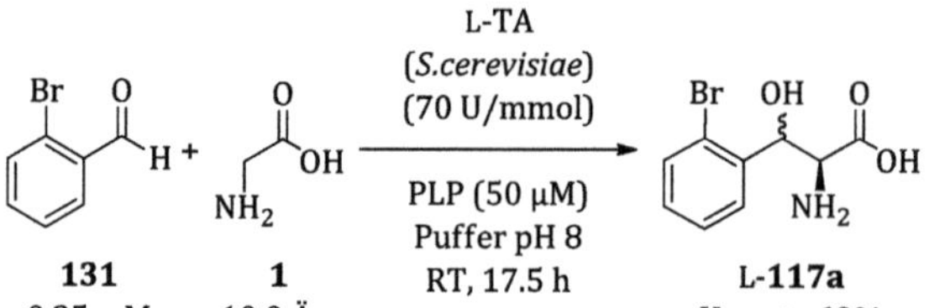

131 0.25 mM + **1** 10.0 Äq. → L-**117a** Umsatz 69% d.r. 82:18 >99% *ee* Ausbeute: 36% d.r. 65:35

Abbildung 114. Scale-Up und Produktisolierung

Zur Produktisolierung wurde die Umsetzung von *o*-Brombenzaldehyd (**131**) im größeren Maßstab durchgeführt. Die Synthese erfolgte analog der AAV 10. Zu *o*-Brombenzaldehyd (**131**, 1.57 mmol, 291.0 mg) in Puffer (TRIS, pH 8, 1.89 ml) wird Glycin (**1**, 15.73 mmol, 1.18 g), PLP (50 µM, 0.3 µmol, 0.2 mg) und Rohextrakt L-TA (aus *S. cerevisiae*, 4.40 ml) gegeben und bei RT geschüttelt. Nach 17.5 Stunden Reaktionszeit wurden zwei Aliquote von jeweils 250 µl entnommen und der Umsatz einerseits durch Derivatisierung mittels Benzoylchlorid (**138**, vgl. AAV 10, Variante A) und andererseits aus dem Verhältnis von Glycin (**1**) und Produkt bestimmt (siehe AAV 10, Variante C). Beim verbliebenen Reaktionsgemisch wurde durch Zugabe von HCl (5 M) pH 1 eingestellt. Das ausgefallene Enzym wurde abfiltriert und die Reaktionslösung anschließend mit NaOH (5 M) wieder neutralisiert. Anschließend wurde die achtfache Menge an Ethanol zugegeben, um überschüssiges Glycin (**1**) auszufällen. Zur vollständigen Kristallisation wurde das Gemisch für 24 Stunden bei 4°C gelagert. Der Niederschlag wurde abgetrennt und das verbleibende Gemisch konzentriert, bis das Produkt **117** ausfiel. Nach Lagerung bei 4°C über Nacht wurde der Niederschlag mit Ethanol/Wasser 80:20 (v/v) gewaschen und das Filtrat für zwei nachfolgende Fällungen erneut eingeengt. Die so erhaltene erste (verunreinigte) Produktcharge wurde anschließend in Ethanol/Wasser 1:1 (v/v) umkristallisiert. Zwei weitere Produktchargen wurden mit einer

Reinheit von >95% erhalten. Variante A (L-**117b**): Umsatz: 69%, d.r. (*threo/erythro*) = 82:18, Variante C (L-**117a**): Umsatz 69%, d.r. (*threo/erythro*) = 81:19, Ausbeute: 36% (145.1 mg, 0.56 mmol), d.r. (*threo/erythro*) = 65:35, *ee*-Wert: >99%.

L-**117a**
$C_9H_{10}BrNO_3$
M = 260.08 g/mol

^{1}H-NMR (400 MHz, D$_2$O): δ (ppm) = 4.51 – 4.52 (m, 1 H, H-4, NH$_3^+$, *threo/erythro*), 5.51 (d, ^3J = 3.03 Hz, 1 H, H-3 *erythro*) 5.73 (d, ^3J = 3.28 Hz, 1 H, H-3, *threo*), 7.72 – 7.91 (m, 4 H, H^{ar}).

L-**117b**
$C_{16}H_{14}BrNO_4$
M = 364.19 g/mol

^{1}H-NMR (300 MHz, At-d$_6$): δ (ppm) = 5.13 – 5.16 (m, 1 H, H-3, *erythro*), 5.26 – 5.29 (m, 1 H, H-3, *threo*), 5.51 (d, ^3J = 5.56 Hz, 1 H, H-4, *threo*), 5.83 (d, ^3J = 2.02 Hz, 1 H, H-4, *erythro*), 7.14 – 8.50 (m, 9 H, H^{ar}). HPLC: OJ-H-Säule, 95:5:0.1 (Isohexan/*i*-PrOH/FA, v/v) 233 nm, flow: 0.8 ml/min, 63.4 min (L-*threo*), 71.5 min (L-*erythro*).

Die analytischen Daten stimmen mit den Vergleichsdaten aus den Abschnitten 7.2.2.1.1 und 7.2.2.2.1 überein.

8 Literaturverzeichnis

[1] Bundesministerium für Bildung und Forschung: *Weiße Biotechnologie*, DruckVogt GmbH, Berlin, **2008**.

[2] Umweltbundesamt: *Weiße Biotechnologie – Ökonomische und ökologische Chancen*, Dubbert/Heine, Berlin **2006**. http://www.umweltbundesamt.de/uba-info-medien/dateien/3260.htm, Stand 12.09.**2011**.

[3] Bildquellen: http://www.oeko-control.com/2-0-Das+Unternehmen.html, https://www.life-science-lab.org/cms/index.php/ag-biochem-wasistbiochemie.html, http://www.ekato.com/de/produkte/ekato-fluid/branchen/chemie/, Stand 12.09.**2011**.

[4] G. M. Whitesides, C.-H. Wong, *Angew. Chem.* **1985**, *97*, 617 – 638; *Angew. Chem. Int. Ed.* **1985**, *24*, 617 – 638.

[5] M. T. Reetz, *Angew. Chem. Int. Ed.* **2011**, *50*, 138 – 174; *Angew. Chem.* **2011**, *123*, 144 – 182.

[6] E. M. Anderson, K. M. Larsson, O. Kirk, *Biocatal. Biotransform.* **1998**, *16*, 181 – 204.

[7] K.-E. Jäger, K. Liebeton, A. Zonta, K. Schimossek, M. T. Reetz, *Appl. Microbiol. Biotechnol.* **1996**, *46*, 99 – 105.

[8] J. B. Jones, *Tetrahedron* **1986**, *42*, 3351 – 3403.

[9] B. M. Nestl, B. A. Nebel, B. Hauer, *Curr. Opin. Chem. Biol.* **2011**, *15*, 187 – 193.

[10] Bildquellen: www.pdb.org, Stand 12.09.**2011**

[11] M. T. Reetz, C. Dreisbach, *Chimia* **1994**, *48*, 570.

[12] M. Nechab, N. Azzi, N. Vanthuyne, M. Bertrand, S. Gastaldi, G. Gil, *J. Org. Chem.* **2007**, *72*, 6918 – 6923.

[13] K. Ditrich, *Synthesis* **2008**, *14*, 2283 – 2287.

[14] N. Öhrner, C. Orrenius, A. Mattson, T. Norin, K. Hult, *Enzme Microb. Technol.* **1996**, *19*, 328 – 331.

[15] F. Balkenhohl, K. Ditrich, B. Hauer, W. Ladner, *J. Prakt. Chem.* **1997**, *339*, 381 – 384.

[16] M. Cammenberg, K. Hult, S. Park, *ChemBioChem* **2006**, *7*, 1745 – 1749.

[17] H. Ismail, R. M. Lau, F. van Rantwijk, R. A. Sheldon, *Adv. Synth. Catal.* **2008**, *350*, 1511 – 1516.

[18] a) F. Balkenhohl, B. Hauer, W. Ladner, U. Pressler, C. Nübling (BASF AG), DE 4332738, **1993**; b) K. Ditrich, F. Balkenhohl, W. Ladner (BASF AG), DE 19534208, **1995**.

[19] M. Breuer, K. Ditrich, T. Habicher, B. Hauer, M. Keßeler, R. Stürmer, T. Zelinski, *Angew. Chem.* **2004**, *116*, 806 – 843; *Angew. Chem. Int. Ed.* **2004**, *43*, 788 – 824.

[20] L. Coppi, C. Giordano, A. Longoni, S. Panossian, *Chirality in Industry*, Vol. 2 (Herausgeber: A. N. Collins, G. N. Sheldrake, J. Crosby), 2. Auflage, Wiley, Chichester, **1997**, 353 – 362.

[21] J. Q. Liu, S. Nagata, T. Dairi, H. Misono, S. Shimizu, H. Yamada, *Eur. J. Biochem.* **1997**, *245*, 289 – 293.

[22] J. Q. Liu, S. Ito, T. Dairi, N. Itoh, S. Shimizu, H. Yamada, *Appl. Micorbiol. Biotechnol.* **1998**, *49*, 702 – 708.

[23] K. Fesko, C. Reisinger, J. Steinreiber, H. Weber, M. Schürmann, H. Griengl, *J. Mol. Catal. B: Enym.* **2008**, *52 – 53*, 19 – 26.

[24] R. Gupta, N. Gupta, P. Rathi, *Appl. Microbiol. Biotechnol.* **2004**, *64*, 763 – 781.

[25] K. Faber, *Biotransformations in Organic Chemistry*, 5. Auflage, Springer-Verlag, Berlin, **2004**.

[26] A. Ghanem, *Tetrahedron* **2007**, *63*, 1721 – 1754.

[27] L. Stryer, *Biochemie*, 4. Auflage, Spektrum, Akad. Verl., Berlin, **1999**.

[28] K.-E. Jäger, M. T. Reetz, *Trends Biotechnol.* **1994**, *16*, 396 – 403.

[29] J. Uppenberg, M. T. Hansen, S. Patkar, T. A. Jones, *Structure* **1994**, *2*, 293 – 308.

[30] T. Donohoe, P. D. Johnson, R. J. Pye, *Org. Biomol. Chem.* **2003**, *1*, 2025 – 2028.

[31] D. Zhu, L. Hua, *Biotechnol. J.* **2009**, *4*, 1420 – 1431.

[32] G. Hou, F. Gosselin, W. Li, C. McWilliams, Y. Sun, M. Weisel, P. D. O'Shea, C. Chen, I. W. Davies, X. Zhang, *J. Am. Chem. Soc.* **2009**, *131*, 9882 – 9883.

[33] K. Yamada, K. Tomioka, *Chem. Rev.* **2008**, *108*, 2874 – 2886.

[34] J. Wassenaar, M. Kuil, M. Lutz, A. L. Spek, J. N. H. Reek, *Chem. Eur. J.* **2010**, *16*, 6509 – 6517.

[35] K. Tomioka, I. Inoue, M. Shindo, K. Koga, *Tetrahedron Lett.* **1990**, *46*, 6681 – 6684.

[36] S. E. Denmark, C. M. Stiff, *J. Org. Chem.* **2000**, *65*, 5875 – 5878.

[37] M. J. Burk, G. Casy, N. B. Johnson, *J. Org. Chem.* **1998**, *63*, 6084 – 6085.

[38] H.-U. Blaser, F. Spindler, *Top. Catal.* **1997**, *4*, 275 – 282.

[39] R. Dorata, D. Broggini, R. Stoop, H. Rüegger, F. Spindler, A. Togni, *Chem. Eur. J.* **2004**, *10*, 267 – 278.

[40] R. Dorta, D. Broggini, R. Kissner, A. Togni, *Chem. Eur. J.* **2004**, *10*, 4546 – 4555.

[41] F. Spindler, B. Pugin, H. Buser, H.-P. Jalett, U. Pittelkow, H.-U. Blaser, *Pesticide Sciences* **1998**, *54*, 203 – 304.

[42] H.-U. Blaser, *Adv. Synth. Catal.* **2002**, *344*, 17 – 31.

[43] X.-M. Zhou, J.-D. Huang, L.-B. Luo, C.-L. Zhang, Z. Zheng, X.-P. Hu, *Tetrahedron: Asymetry* **2010**, *21*, 420 – 424.

[44] L. Pignataro, S. Carboni, M. Civera, R. Colombo, U. Piarulli, C. Gennari, *Angew. Chem.* **2010**, *122*, 6783 – 6787; *Angew. Chem. Int. Ed.* **2010**, *49*, 6633 – 6637.

[45] X.-P. Hu, J.-D. Huang, Q.-H. Zeng, Z. Zheng, *Chem. Commun.* **2006**, 293 – 295.

[46] A. Rajagopalan, W. Kroutil, *Materials Today* **2011**, *14*, 144 – 152.

[47] F. G. Mutti, J. Sattler, K. Tauber, W. Kroutil, *ChemCatChem* **2011**, *3*, 109 – 111.

[48] C. K. Savile, J. M. Janey, E. C. Mundorff, J. C. Moore, S. Tam, W. R. Jarvis, J. C. Colbeck, A. Krebber, F. J. Fleitz, J. Brands, P. N. Devine, G. W. Huisman, G. J. Hughes, *Science* **2010**, *329*, 305 - 309.

[49] V. Gotor-Fernández, R. Brieva, V. Gotor, *J. Mol. Catal. B: Enym.* **2006**, *40*, 111 – 120.

[50] A. Maestro, C. Astorga, V. Gotor, *Tetrahedron: Asymmetry* **1997**, *18*, 3153 – 3159.

[51] A. Luna, I. Alfonso, V. Gotor, *Org. Lett.* **2002**, *4*, 3627 – 3629.

[52] M. T. Reetz, K. Schimossek, *Chimia* **1996**, 668 – 669.

[53] J. Paetzold, J. E. Bäckvall, *J. Am. Chem. Soc.* **2005**, *127*, 17620 – 17621.

[54] M.-J. Kim, W.-H. Kim, K. Han, Y. K. Choi, J. Park, *Org. Lett.* **2007**, *9*, 1157 – 1159.

[55] L. K. Thalén, D. Zhao, J.-B. Sortais, J. Paetzold, C. Hoben, J.-E. Bäckvall, *Chem. Eur. J.* **2009**, *15*, 3403 – 3410.

[56] L. E. Blidi, M. Nechab, N. Vanthuyne, S. Gastaldi, M. P. Bertrand, G. Gil, *J. Org. Chem.* **2009**, *74*, 2901 – 2903.

[57] Y. Kim, J. Park, M.-J. Kim, *ChemCatChem* **2011**, *3*, 271 – 277.

[58] A. Parvulescu, J. Janssens, J. Vanderleyden, D. De Vos, *Top. Catal.* **2010**, *53*, 931 – 934.

[59] M. A. J. Veld, K. Hult, A. R. A. Palmans, E. W. Meijer, *Eur. J. Org. Chem.* **2007**, 5416 – 5421.

[60] M. M. Mojtahedi, M. S. Abaeel, M. M. Heravi, F. K. Behbahani, *Monatsh. Chem.* **2007**, *138*, 95 – 99.

[61] *ee*-Programm: K. Faber, H. Hönig, TU Graz © **1994**.

[62] J. L. L. Rakels, A. J. J. Straathof, J. J. Heijnen, *Enzyme Microb. Technol.* **1993**, *15*, 1051 – 1053.

[63] A. J. J. Straathof, J. A. Jongejan, *Enzyme Microb. Technol.* **1997**, *21*, 559 – 571.

[64] A. Goswami, Z. Guo, W. L. Parker, R. N. Patel, *Tetrahedron: Asymmetry* **2005**, *16*, 1715 – 1719.

[65] B. A. Davis, D. A. Durden, *Synth. Commun.* **2001**, *31*, 569 – 578.

[66] H. Kitaguchi, P. A. Fitzpatrick, J. E. Huber, A. M. Klibanov, *J. Am. Chem. Soc.* **1989**, *111*, 3094 – 3095.

[67] F. Secundo, G. Carrera, C. Soregaroli, D. Varinelli, R. Morrone, *Biotechnol. Bioeng.* **2001**, *73*, 157 – 163.

[68] N. Richter, *Diplomarbeit*, Heinrich-Heine-Universität Düsseldorf, **2007**.

[69] H. Gröger, O. May, K. Rossen, K. Drauz, DE 10 2006 028 818 A1, **2007**.

[70] R. Irimescu, K. Kato, *Tetrahedron Lett.* **2004**, *45*, 523 – 525.

[71] A. K. Samland, G. A. Sprenger, *Appl. Miocrobiol. Biotechnol.* **2006**, *71*, 253 – 364.

[72] S. M. Dean, W. A. Greenberg, C.-H. Wong, *Adv. Synth. Catal.* **2007**, *349*, 3108 – 1320.

[73] P. Clapés, W.-D. Fessner, G. A. Sprengerm A. K. Samland, *Curr. Opin. Chem. Biol.* **2009**, *14*, 1-14.

[74] S. M. Dean, W. A. Greenberg, C.-H. Wong, *Adv. Synth. Catal.* **2007**, *349*, 3108 – 1320.

[75] C. L. Kielkopf, S. K. Burley, *Biochemistry* **2002**, *41*, 1171 – 11720.

[76] K. Fesko, M. Uhl, J. Steinreiber, K. Gruber, H. Griengl, *Angew. Chem.* **2010**, *122*, 125 – 128; *Angew. Chem. Int. Ed.* **2010**, *49*, 121 – 124.

[77] J. Q. Liu, T. Dairi, N. Itoh, M. Kataoka, S. Shimizu, H. Yamada, *J. Mol. Catal. B: Enzym.* **2000**, *10*, 107 – 115.

[78] C. Nájera, J. M. Sansano, *Chem. Rev.* **2007**, *107*, 4584 – 4671.

[79] A. J. Morgan, C. E. Masse, J. S. Panek, *Org. Lett.* **1999**, *1*, 1949 – 1952.

[80] O. Miyata, H. Asai, T. Naito, *Chem. Pharm. Bull.* **2005**, *53*, 355 – 360.

[81] F. A. Davis, V. Srirajan, D. L. Fanelli, P. Portonovo, *J. Org. Chem.* **2000**, *65*, 7663 – 7666.

[82] C. M. Gasparski, M. J. Miller, *Tetrahedron* **1991**, *47*, 5367 – 5378.

[83] B. Ma, J. L. Parkinson, S. L. Castle, *Tetrahedron Lett.* **2007**, *48*, 2083 – 2086.

[84] N. Dückers, K. Baer, S. Simon, H. Gröger, W. Hummel, *Appl. Microbiol. Biotechnol.* **2010**, *88*, 409 – 424.

[85] C. Mordant, P. Dünkelmann, V. Ratovelomanana-Vidal, J.-P. Genet, *Eur. J. Org. Chem.* **2004**, *14*, 3017 – 3026.

[86] B. Mohar, A. Valleix, J.-R. Desmurs, M. Felemez, A. Wagner, C. Mioskowski, *Chem. Commun.* **2001**, 2572 – 2573.

[87] K. Muñiz, M. Nieger, *Organometallics* **2003**, *22*, 4616 – 4619.

[88] S. Mettath, G. S. C. Srikanth, B. S. Dangerfield, S. L. Castle, *J. Org. Chem.* **2004**, *69*, 6489 – 6492.

[89] T. Ooi, M. Kameda, M. Taniguchi, K. Maruoka, *J. Am. Chem. Soc.* **2004**, *129*, 9685 – 9694.

[90] Y. Ito, M. Sawamura, T. Hayashi, *J. Am. Chem. Soc.* **1986**, *108*, 6405 – 6406.

[91]   R. B. Herbert, B. Wilkinson, G. J. Ellames, E. K. Kunec, *J. Chem. Soc., Chem. Commun.* **1993**, 205 – 206.

[92]   V. P. Vassilev, T. Uchiyama, T. Kajimoto, C.-H. Wong, *Tetrahedron Lett.* **1995**, *36*, 4081 – 4084.

[93]   J. Steinreiber, K. Fesko, C. Reisinger, M. Schurmann, F. v. Assema, M. Wolberg, D. Mink, H. Griengl, *Tetrahedron* **2007**, *63*, 918 – 926.

[94]   J. Steinreiber, M. Schürmann, M. Wolberg, F. von Assema, C. Reisinger, K. Fesko, D. Mink, H. Griengl, *Angew. Chem.* **2007**, *119*, 1648 – 1651; *Angew. Chem. Int. Ed.* **2007**, *46*, 1624 – 1626.

[95]   J. Q. Liu, M. Odani, T. Dairi, N. Itoh, S. Shimizu, H. Yamada, *Appl. Microbiol. Biotechnol.* **1999**, *51*, 586 – 591.

[96]   T. Kimura, V. P. Vassilev, G.-J. Shen, C.-H. Wong, *J. Am. Chem. Soc.* **1997**, *119*, 11734 – 11742.

[97]   J. Steinreiber, K. Fesko, C. Mayer, C. Reisinger, M. Schürmann, H. Griengl, *Tetrahedron* **2007**, *63*, 8088 – 8093.

[98]   M. L. Gutierrez, X. Garrabou, E. Agosta, S. Servi, T. Parella, J. Joglar, P. Clapés, *Chem. Eur. J.* **2008**, *14*, 4647 – 4656.

[99]   K. Fesko, L. Giger, D. Hilvert, *Bioorg. Med. Chem. Lett.* **2008**, *18*, 5987 – 5990.

[100] J. Steinreiber, M. Schürmann, F. van Assema, M. Wolberg, K. Fesko, C. Reisinger, D. Mink, H. Griengl, *Adv. Synth. Catal.* **2007**, *349*, 1379 – 1386.

[101] T. Shiraiwa, R. Saijoh, M. Suzuki, K. Yoshida, S. Nishimura, H. Nagasawa, *Chem. Pharm. Bull.* **2003**, *51*, 1363 – 1367.

[102] K. Baer, *Dissertation*, Universität Erlangen-Nürnberg, **2011**.

[103] P. Tielmann, M. Boese, M. Luft, M. T. Reetz, *Chem. Eur. J.* **2003**, *9*, 3882 – 3887.

[104] R. Sanz, A. Martinéz, V. Guilarte, J. M. Álvarez-Gutiérrez, F. Rodríguez, *Eur. J. Org. Chem.* **2007**, 4642 – 4645.

[105] Y. Kasashima, A. Uzawa, K. Hashimoto, Y. Yokoyama, T. Mino, M. Sakamoto, T. Fujita, *J. Oleo Sci.* **2010**, *11*, 607 – 613.

[106] Z. Finta, Z. Hell, J. Bálint, A. Takács, L- Párkányi, L. Töke, *Tetrahedron: Asymm.* **2001**, *12*, 1287 – 1292.

[107] Y. Wu, S.-B. Qi, F.-F. Wu, X.-C. Zhang, M. Li, J. Wu, A. S. C. Chan, *Org. Lett.* **2011**, *13*, 1754 – 1757.

[108] G. Li, J. C. Antilla, *J. Org. Chem.* **2009**, *11*, 1075 – 1078.

[109] M.-J. Kim, W.-H. Kim, K. Han, Y. K. Choi, J. Park, *Org. Lett.* **2007**, *9*, 1157 – 1159.

[110] Q. Li, S.-B. Yang, Z. Zhang, L. Li, P.-F. Xu, *J. Org. Chem.* **2009**, *74*, 1627 – 1631.

[111] K. Baer, N. Dückers, T. Rosenbaum, C. Leggewie, S. Simon, M. Kraußer, S. Oßwald, W. Hummel, H. Gröger, Tetrahedron: Asymm. 2011, 22, 925 – 928.

[112] T. Shiraiwa, R. Saijoh, M. Suzuki, K. Yoshida, S. Nishimura, H. Nagasawa, *Chem. Pharm. Bull.* **2003**, *51*, 1363 – 1367.

i want morebooks!

Buy your books fast and straightforward online - at one of world's fastest growing online book stores! Environmentally sound due to Print-on-Demand technologies.

Buy your books online at
www.get-morebooks.com

Kaufen Sie Ihre Bücher schnell und unkompliziert online – auf einer der am schnellsten wachsenden Buchhandelsplattformen weltweit! Dank Print-On-Demand umwelt- und ressourcenschonend produziert.

Bücher schneller online kaufen
www.morebooks.de

VDM Verlagsservicegesellschaft mbH
Heinrich-Böcking-Str. 6-8   Telefon: +49 681 3720 174   info@vdm-vsg.de
D - 66121 Saarbrücken   Telefax: +49 681 3720 1749   www.vdm-vsg.de

Printed by Books on Demand GmbH, Norderstedt / Germany